Tino Bargel, Holger Bargel

Aufbruch statt Abriss

Gutachten zur Schulentwicklung in Baden-Württemberg

Herausgegeben von der Gewerkschaft Erziehung und Wissenschaft, Landesverband Baden-Württemberg

PETER LANG

Frankfurt am Main · Berlin · Bern · Bruxelles · New York · Oxford · Wien

Bibliografische Information der Deutschen Nationalbibliothek
Die Deutsche Nationalbibliothek verzeichnet diese Publikation in der Deutschen Nationalbibliografie; detaillierte bibliografische Daten sind im Internet über http://dnb.d-nb.de abrufbar.

Gedruckt auf alterungsbeständigem,
säurefreiem Papier.

ISBN 978-3-631-61138-8

www.peterlang.de

Vorwort

In der Bundesrepublik Deutschland wird heftig über Bildung diskutiert. Im Mittelpunkt steht dabei die Qualität unserer Schulen. Immer deutlicher wird, dass das gegliederte Schulwesen mit der Selektion der Schülerinnen und Schüler auf drei Schularten am Ende der vierten Grundschulklasse dem Anspruch an Bildung nicht mehr gerecht wird. Neben den qualitativen Kriterien rücken aber auch quantitative Entwicklungen immer mehr in den Blickpunkt. Der dramatische Rückgang der Schüler/innenzahlen und der ungebremste Rückgang der Übergangsquoten auf die Hauptschule trotz Einführung der neuen Werkrealschule lösten große Diskussionen um die Weiterentwicklung der Schulen und der Schulstandorte aus.

Die Gewerkschaft Erziehung und Wissenschaft initiierte das wissenschaftliche Gutachten zur Schulentwicklung in Baden-Württemberg, das die Tragfähigkeit des Schulangebots der Hauptschulen und Werkrealschulen sowie der Realschulen und Gymnasien in den Jahren 2010 bis 2025 beschreibt.

Untersucht wurden drei Modelle zur Gestaltung und Aufteilung des Schulangebotes in der Sekundarstufe, also den Klassen 5 bis 10:

- Das gegliederte Modell mit drei Schularten, das an der Aufteilung nach Hauptschule/Werkrealschule, Realschule und Gymnasium festhält,
- das Zwei-Säulen-Modell, das die Bildungsgänge von Haupt- bzw. Werkrealschule und Realschule zusammenführt unter Erhalt der Gymnasien, im Gutachten als Verbundschule bezeichnet,
- das integrierte Modell, in dem alle Kinder und Jugendlichen eine Schule der Sekundarstufe gemeinsam besuchen; sie wird hier als Sekundarschule bezeichnet.

Nicht einbezogen sind die Sonderschulen, weil dies aufgrund der Komplexität des Auftrags den Rahmen gesprengt hätte.

Wir hoffen und wünschen, dass das Gutachten Anlass und Anstoß für eine offene und konstruktive Diskussion in den politischen Parteien und gesellschaftlichen Gruppen, bei den Schulträgern sowie kommunalen Spitzenverbänden, bei der Landesregierung und im Kultusministerium über die künftige Schulentwicklung in Baden-Württemberg bietet. Als Ausgangspunkt für regionale Bildungsplanung eröffnet es große Chancen.

Unser Dank gilt allen, die das Projekt durchgeführt, begleitet und gefördert haben: Den Autoren Tino Bargel und Holger Bargel von der Projektgruppe Bildung und Region Konstanz für die sorgfältige Erstellung des Gutachtens, der Johannes-Löchner-Stiftung, der Max-Träger-Stiftung und dem Verein Badische Lehrerinnen und Lehrer, die durch ihre finanzielle Förderung diese Untersuchung ermöglicht haben.

Doro Moritz
Vorsitzende der Gewerkschaft Erziehung und Wissenschaft Baden-Württemberg

Stuttgart, im September 2010

Inhaltsverzeichnis

1 Grundlagen und Problemstellungen

1.1 Ausgangslage: Unruhe, Verwirrung und Ausweglosigkeit

Ausgangspunkt für Untersuchungen und Überlegungen zur Schulentwicklung in Baden-Württemberg, in den Gemeinden und Kreisen des Landes, sind die erneuten Diskussionen um den Fortbestand der Hauptschulen, nachdem ihre Schülerzahl in den letzten Jahren weiter gesunken ist, und die ehemalige „Bestandsgarantie" der Landesregierung selbst für sehr kleine Hauptschulen nicht mehr gilt. In der Folge stehen nicht wenige Hauptschulen auf Beschluss ihrer Gemeinden vor dem Aus. Das sorgt für viel Unruhe in den Gemeinden, in der Elternschaft und unter den Schulleitungen und Lehrer/innen.

Für viele Unklarheiten und weitere Verwirrung sorgt das neue Konzept der Landesregierung zur Rettung der „Hauptschule", die nun durch „die Hauptschule und die Werkrealschule" ersetzt wird (Landtag Baden-Württemberg, Drucksache 14/4953 v. 30.7.2009, Gesetz zur Änderung des Schulgesetzes, §6). Ihre Einrichtung ist an Voraussetzungen geknüpft, die kaum eine Hauptschule erfüllen kann: Sie soll zumindest gesichert zwei Züge aufweisen; das bedeutet zumindest 36 Kinder in der Eingangsklasse 5 oder zumindest 170 Schüler/innen in den Klassen 5 bis 9 insgesamt. Die Planungsfrist für die Beantragung der Werkrealschulen ist zudem sehr kurzfristig gesetzt worden (Einrichtung zum Schuljahr 2010/11, Beantragung bis Ende 2009). Besonders viel Unklarheit haben die Vorgaben für die Kooperation von mehreren kleinen Hauptschulen als „Werkrealschule" verursacht, denn sie wird ausdrücklich auf den „Einzelfall" beschränkt. Außerdem wird der Kooperation einzügiger Hauptschulen von der Landesregierung attestiert, dass an ihnen „das Erreichen von Qualitätsstandards" erschwert ist (Landtag Baden-Württemberg, Drucksache 14/4928 v. 29.07.2009, S. 4-5).

Als schwerwiegendes Problem für die Schulentwicklung im Land erweist sich die strikte Festlegung der Landesregierung auf das „dreigliedrige Schulwesen" in der Sekundarstufe mit Haupt-Werkrealschule, Realschule und Gymnasium. Damit werden trotz des erheblichen Wandels im Schulbesuch der Entwicklung der Sekundarstufe enge Fesseln angelegt. Den veränderten Bedingungen durch den demographischen Rückgang einerseits und durch den Wandel im Schulbesuch andererseits wird damit in keiner Weise Rechnung getragen. Die veränderte Attraktivität der Schulformen, stark gesunken bei der Hauptschule, deutlich gestiegen bei Realschule und Gymnasium, wird weitgehend ignoriert und auch für die Zukunft soll dem veränderten Elternwillen offensichtlich nicht entsprochen werden. Bislang meint das Kultusministerium, Anträge und Anfragen aus den Kommunen, aus der Lehrer- oder Elternschaft auf eine Kooperation zwischen Haupt- und Realschulen, für integrative Schulformen oder für eine 6-jährige Grundschule „negativ bescheiden" zu können, d.h. abzulehnen.

Den Gemeinden wird zwar nun bei der Schließung ihrer Hauptschulen freie Hand gewährt und sie sind aufgefordert, die Einrichtung der Werkrealschulen zu planen. Aber die Festschreibung auf die Dreigliedrigkeit der Schulformen ab Klasse 5 setzt viele Gemeinden in die Lage von Konkursverwaltern ihrer Hauptschulen ohne Möglichkeiten einer zukunftsfähigen Strategie für die öffentlichen Schulen, deren Träger sie sind. Einerseits wird ihnen Verantwortlichkeit abverlangt, andererseits werden ihnen die Möglichkeiten vorenthalten, ihr angemessen gerecht zu werden. Statt kommunale Flexibilität bei der Schulentwicklung unter Berücksichtigung des Elternwillens zu ermöglichen und um den regionalen Gegebenheiten zu entsprechen, werden starre, pauschale Vorgaben für die Schulformen durchgesetzt.

Mit diesen strikten Vorgaben werden einige Probleme für das Schulangebot der Kommunen und manche Nachteile für die regionalen Bildungschancen in Kauf genommen.

- Da ist zuerst die schulische Verödung des ländlichen Raumes und der Vororte größerer Städte, die auch zu anderen sozialen und kulturellen Defiziten in den Gemeinden führen.
- Für mehrere Jahre wird es zudem Unruhe und Streit in den Kommunen und Kreisen um die Weiterführung oder Schließung von (Haupt-)Schulen geben – solche Konflikte sind bereits jetzt in vielen Orten vorhanden und absehbar.
- Es wird weiterhin bei den unzureichenden Tragfähigkeiten für die Mehrheit der Hauptschulen bleiben, denn die Einrichtung der Werkrealschule kann die Attraktivität dieser Schulart (Hauptschule) in der Eltern- und Schülerschaft nicht steigern. Auch die bisherige Werkrealschule hat die Abwendung von der Hauptschule nicht aufhalten können.
- Es wird zwei „Klassen“ von Hauptschulen geben, die zweizügigen Werkrealschulen und die kleinen, höchstens einzügigen Hauptschulen, die sich - wie die Landesregierung selbst zugesteht - in ihren Qualitätsstandards erheblich unterscheiden werden.
- In einem wichtigen Segment des Bildungswesens, der Sekundarstufe, bestehen unübersichtliche Bildungsgänge und unzureichend klare Qualifikationswege, statt die Wege für Bildungsaufsteiger zu öffnen und die Bildungschancen regional auszuweiten.
- Schließlich wird die gesamte Schulgestaltung in die Defensive gedrängt (Stichwort: Rettung der Hauptschulen und der Dreigliedrigkeit), statt dass offensiv die pädagogische Modernisierung und die soziale Chancengerechtigkeit des Schulwesens und der einzelnen Schulen ermöglicht wird.

Die Landesregierung stellt selbst mit eindrucksvoller Eindeutigkeit fest, warum einzügige Hauptschulen von Nachteil sind: Das Erreichen von Qualitätsstandards der Schulgestaltung wird erschwert, weil der Einsatz von fachspezifisch ausgebildeten Lehrern unterbleibt, individuelle Förderangebote nicht realisiert werden, das Angebot an Projekten und Wahlpflichtfächern eingeschränkt ist. Außerdem ist ein gutes Ganztagskonzept kaum zu erfüllen und die Identifikation mit der „eigenen" Schule kommt weniger zustande. Eine mögliche Kooperation mit lokalen Partnern, auch mit anderen Schulen (etwa den Förder- und Sonderschulen im Zuge von Inklusionsabsichten), ist schwerer zu bewerkstelligen oder sogar unmöglich. Schließlich ist auch die Schulorganisation schwerer zu steuern, weil Krankheitsvertretungen bei den Lehrkräften ausbleiben werden (vgl. Landtag von Baden-Württemberg, Drucksache 14/4928 v. 29.07.2009). Angesichts solcher Einschätzung nimmt es Wunder, dass die Landesregierung nicht auf dauerhaft tragfähige Lösungen mit zumindest zweizügigen Schulen als Standard setzt, wie es etwa die Verbundschule oder die Sekundarschule darstellen.

Die unübersichtliche und einschränkende Ausgangslage verlangt nach einer unvoreingenommenen Klärung der Schulsituation im Land, in den Kreisen und Gemeinden, und vor allem eine Untersuchung ihrer möglichen weiteren Entwicklung, wenn der demographische Rückgang und der Wandel beim Schulwahlverhalten berücksichtigt werden. Dabei ist nicht nur resignativ die Gefährdung oder Auflösung von Hauptschulen zu beklagen oder das Defizit an Realschulen und Gymnasien aufzuzeigen, sondern es ist zugleich zu klären, in welchem Umfang andere Schulstrukturen in der Sekundarstufe das Schulangebot attraktiver, leistungsfähiger und anspruchsvoller machen könnten, welche alternativen Modelle dafür tauglich sind. Es bedarf dann des Mutes, ja der Verpflichtung, solche Alternativen aufzugreifen und zu vertreten, wenn sie sich für das Schulangebot als vorteilhaft erweisen.

1.2 Kriterien, Modelle und Prognosen

Für ein Gutachten zur Schulentwicklung sind Transparenz und Nachvollziehbarkeit vorauszusetzen. Es liefert planerische und rechnerische Grundlagen unter verschiedenen Optionen und Varianten für die Schulentwicklung, wobei alle Schritte der Analyse erläutert und belegt werden. Die Befunde sollen Auskunft geben, wie unter den gesetzten Annahmen zukünftig die Tragfähigkeit und Auslegung der Schulen sein kann. Dabei werden nicht nur die einzelnen Schulen betrachtet, sondern der Focus richtet sich ebenso auf die Gemeinden und das kommunale, wohnortnahe Schulangebot. Zur Transparenz gehört die Aufstellung und Einhaltung der Kriterien für die Tragfähigkeit und Auslegung der Schulen, um den Vergleich über die Leistungsfähigkeit verschiedener Schulstrukturen der Sekundarstufe auf eine gleiche und faire Grundlage zu stellen.

Kriterien

Das Schulangebot sollte wohnortnah, tragfähig, stabil, gerecht und anspruchsvoll ausgelegt sein. Darin sind die entscheidenden fünf Kriterien für die

Versorgungsleistung zu sehen und daran hat sich die Leistungsfähigkeit im Sinne der Schulversorgung zu bemessen. Dies gilt nicht nur für die Hauptschulen, sondern auch für die Realschulen und Gymnasien bzw. die entsprechenden Bildungsgänge und Zertifikate.

Die Stabilität der Versorgung bemisst sich an der potentiellen Schülerschaft, sei es über die Jahrgangsgröße in den Gemeinden oder als Nachfragepotential für die einzelnen Schularten und Schulen (Übergänge). Dies sind die beiden entscheidenden Größen, um die Sicherheit oder Gefährdung der zukünftigen Schulversorgung zu bestimmen.

Modelle

In der Sekundarstufe stehen sich grundsätzlich drei Modelle zur Gestaltung und Aufteilung des Schulangebotes gegenüber (neben der sechsjährigen Grundschule):

- zum einen das „gegliederte Modell" mit drei Schularten, das an der Aufteilung nach Hauptschule, Realschule und Gymnasium mehr oder weniger strikt festhält;
- zum zweiten das „Zwei-Säulen-Modell", das die Bildungsgänge der Haupt- und Realschulen zusammenführt unter Wahrung der Gymnasien, hier als „Verbundschule" bezeichnet;
- zum dritten das „integrierte Modell", in dem alle Kinder individuell gefördert werden und eine Schule der Sekundarstufe bis Klasse 10 gemeinsam besuchen; sie wird hier als „Sekundarschule" bezeichnet.

Prognosen

Für die Untersuchung der zukünftigen Schullandschaft in den 1.109 Gemeinden und 44 Kreisen des Landes wird eine kurzfristige Prognose (2010 – 2014) und eine langfristige Prognose (2015 – 2020/25) erstellt. Die Prognosen für Land, Kreise und Gemeinden stützen sich auf verschiedene Datenquellen, die in ihren Schätzungen nahe beieinander liegen:

- für die kurzfristige Prognose auf die Schüler/innen in den Grundschulklassen 1 - 4 sowie die Altersgruppe von 5 – 9 Jahren;
- für die langfristige Prognose auf die Lebendgeborenen 2003 – 2007 und die Altersgruppe von 0 - 4 Jahren.

Als maßgeblicher Wert zur Prognose des allgemeinen Jahrgangsvolumens an Schüler/innen für die Sekundarstufe wird das Mittel der Lebendgeborenen 2003 bis 2007 zugrunde gelegt, weil damit für alle Gemeinden des Landes Werte vorliegen. Durch diese Mittelbildung werden einerseits mögliche „zahlenmäßige Ausreißer" bei einzelnen Gemeinden eingefangen; gleichzeitig wird berücksichtigt, dass die Geburtenzahlen in den letzten drei Jahren für das Land ganz ähnlich ausgefallen sind, die „Talsohle" gleichsam erreicht scheint. Diese Prognosen sind nachvollziehbar, aussagekräftig und zutreffend: Alle Kinder und Schüler/innen sind bereits vorhanden, es werden keine willkürlichen Schätzungen vorgenommen.

Potential für die Schulformen

Von diesem Potential der Jahrgangsbreite für die Sekundarstufe ab 2015 werden alle Berechnungen für die zukünftigen Schülerzahlen nach den möglichen Schulformen abgeleitet, und zwar anhand der erwartbaren Übergangsquoten. Für jede Schulform werden drei Varianten der Übergänge angesetzt, um deren Auswirkungen erkennbar zu machen:

- für die **Hauptschule** (auch Werkrealschule): 15% - **20%** - 25%,
- für die Realschule: **35%** - 40% - 45% und für das Gymnasium: 40 % - **45%** - 50%,
- für die **Verbundschule** (neben dem Gymnasium): 50% -**55%** - 60%;
- für die **Sekundarschule** (integriert): 85% - **90%** - 95%.

Den langfristigen Planungsanalysen für den Zeitraum 2015 bis 2025 werden zentrale Übergangsquoten zugrunde gelegt, die als Schwerpunkt der Entwicklung angesehen werden; sie sind in der Zuordnung auf die verschiedenen Schulformen der Sekundarstufe fett markiert.

Die Landesprognosen für die Schülerzahlen zu den Jahren 2015 bis 2025 bzw. neuerdings bis 2030, die das Statistische Landesamt erstellt, ziehen eine problematische Datengrundlage heran, verwenden ein bedenkliches Verfahren und kommen dadurch zu Resultaten, die in der Regel den Hauptschulbesuch überschätzen und den Besuch von Gymnasien unterschätzen. Durch die Berechnung der gesamten Schülerzahl für die Schulformen, abgeleitet von aktuellen Anteilen an den Altersgruppen, kommt nicht nur eine unnötige Unschärfe in das Bild, sondern vor allem eine konsequente Überschätzung wird vorgenommen, wenn über die Klassenjahrgänge die Zahl der Schüler/innen in einer Schulart (hier der Hauptschule) deutlich zurückgegangen ist. Auf der anderen Seite findet eine Unterschätzung statt, wenn die Schülerzahlen kontinuierlich gestiegen sind (wie bei den Gymnasien). Werden die Prognosen hinsichtlich der unterstellten Zugänge überprüft, etwa für die Jahre 2015 oder 2020, dann bleibt die Hauptschule bei einem Anteil von 28%, die Gymnasien bei 33% und die Realschulen erreichen 39%, Diese denkbar unwahrscheinliche Konstellation spricht ebenso gegen die planerische Nutzung der Landesprognose zu den Schülerzahlen wie der Umstand, dass die Zahlen bereits nach wenigen Jahren stark korrigiert werden mussten, obwohl die letzte Prognose nicht mehr als drei Jahre (2007) gegenüber der aktuellen (2010) her ist: So ist die zu erwartende Zahl an Hauptschülern im Zugang zur Sekundarstufe zwischen den beiden Prognosen, die nur drei Jahre auseinander liegen, von ehemals 28.000 auf etwas weniger als 24.000 gesunken – sie kommt damit der eigenen Prognose von 23.100 (bei 25% Übergang) deutlich näher. Verwendbare Prognosen über das demographische Volumen in den Kreisen bzw. Gemeinden wie die zu den erwartbaren Schülerzahlen bei den einzelnen Schularten sollten aber langfristig haltbar sein, um tragfähige Planungen und Entscheidungen zu ermöglichen.

Einstufungen der Tragfähigkeit und Bestandsgefährdung

Die Einstufungen der Schulen hinsichtlich ihrer Tragfähigkeit erfolgt nicht allein nach der Schülerzahl, gegenwärtig oder zukünftig, sondern beruht auf den einzurichtenden Zügen (Klassenbildung). Vier Stufungen zur Klassenbildung und Zügigkeit anhand der Schülerzahl im Jahrgang sind wesentlich: (1) unter Klassenbildung (unter ein Zug): bis 15 Schüler/innen; (2) Einzügigkeit: 16 bis 30 Schüler/innen; (3) Zweizügigkeit: 31 bis 60 Schüler/innen (4) Dreizügigkeit: 61 - 90 Schüler/innen; (5) Vier- und Mehrzügigkeit: 91 und mehr Schüler/innen.

Die geringen Abweichungen von den offiziellen Kriterien, seien es 17 Schüler/innen zur Klassenbildung als einzügig oder ab 32 Schüler/innen bzw. sogar 36 Schüler/innen als Maß für die Zweizügigkeit, sind angesichts der politischen Diskussion um ihre Senkung in den nächsten Jahren, möglicherweise bis hinab zu 28 Schüler/innen für die Zweizügigkeit, hinnehmbar, sogar angemessen. Zudem werden in dieser Hinsicht alle Schulformen gleich behandelt.

Die Zuordnung der Gefährdung für den weiteren Bestand einer Schule richtet sich nach deren Zügigkeit, wobei Schulen mit gesicherter Zweizügigkeit ab 36 Schüler/innen als nachhaltig tragfähig und ungefährdet beurteilt werden. (1) Eine **sehr hohe Gefährdung** wird bei allen Schulen angenommen, die unter der Einzügigkeit mit höchsten 15 Schüler/innen bleiben – allen droht die Auflösung in den nächsten Jahren; (2) eine **starke Gefährdung** weisen die einzügigen Schulen auf, deren Bestand möglicherweise bei Zusammenlegung oder Kooperation gewahrt werden könnte; (3) schließlich ist bei den Schulen mit knapper Zweizügigkeit eine **gewisse Gefährdung** gegeben, weil deren Tragfähigkeit bei weiter zurückgehender Schülerzahl wahrscheinlich verloren geht, zumindest labil ist.

Beurteilungen zur Versorgungsleistung: Sicherung, Erweiterung und Aufstockung

Ein zentrales Element des Gutachtens bildet der Vergleich der verschiedenen Schulstrukturen und –formen hinsichtlich ihrer Leistungsfähigkeit für die Schulversorgung. Dafür werden zwei Fragen herangezogen.

Die erste Frage bezieht sich auf die tragfähige und stabile Wohnortnähe als wichtiges Kriterium: Wie viele Gemeinden kommen jeweils als Schulstandort einer Schule der Sekundarstufe in Frage, d.h. zumindest einer Schule (möglicherweise auch mehr), sei es Hauptschule, Realschule, Gymnasium oder die Verbundschule bzw. die Sekundarschule, und wie viele Gemeinden haben keine Schule der Sekundarstufe (mehr)?

Die zweite Frage zielt ab auf die mögliche Breite an Bildungsgängen, die in den Gemeinden gehalten oder eingerichtet werden können. Für die Gemeinden als Schulträger ist sie wohl noch wichtiger, wenn sie abwägen, welche Schulform für sie günstiger und zu bevorzugen ist: Durch welche Schulform kann die Sicherung eines gefährdeten Bildungsganges, in der Regel der hauptschulische, gelingen; durch welche Schulform ist eine Erweiterung um den realschulischen

Bildungsgang möglich oder ist sogar die Aufstockung durch den gymnasialen Bildungsgang tragfähig in der Gemeinde erreichbar? Aufschlussreich ist ebenfalls die Antwort auf die Frage: Wie viele Gemeinden sind bei welcher Schulform, gegliedert oder integriert, in der Lage, das gesamte Spektrum an Bildungsgängen bis zur Hochschulreife anzubieten, d.h. sind es weniger oder mehr Angebote und Standorte verglichen mit der gegenwärtigen Situation?

1.3 Rechtliche Grundlagen und Möglichkeiten

Für die Bestimmung der Ausgangslage in den Gemeinden ebenso wie für die Darstellung der zukünftigen Entwicklung der Schulen sind die rechtlichen Grundlagen und Möglichkeiten heranzuziehen. Dafür ist das Schulgesetz mit seinen 118 Paragraphen maßgeblich (vgl. Ministerium für Kultus, Jugend und Sport, Stand 18. Dez. 2007, zitiert nach GEW-Jahrbuch 2009, S. 683 - 712). Es legt die Gliederung des Schulwesens und die Schularten fest (§3 – 15), erläutert Schulverbünde und Bildungszentren (§16 – 18) sowie die Errichtung und Unterhaltung von Schulen durch Gemeinden und Landkreise als Schulträger (§28); es äußert sich zur Schulaufsicht (§32 – 37), über die Lehrkräfte und Schulleitung sowie deren Konferenzen (§38 – 47); es umreißt die Mitwirkung von Eltern (§55 - 60) und die Schülermitverantwortung (§62 – 69), bestimmt die Schulpflicht (§72 - 84), aber auch die Wahl des Bildungsweges (§ 88); und es macht Ausführungen zur Schulgeldfreiheit (§93 - 95), zum Religionsunterricht (§96 - 100), zu den Heimsonderschulen (§101 - 104) und schließt mit einigen „Schlussvorschriften" wie über Schulen besonderer Art (§107), die Evaluation (§114) oder die Datenverarbeitung (§116).

Daneben liegen eine Reihe weiterer Erlasse und Verordnungen vor, die für die Schulentwicklung bedeutsam sind. So sind über die einzelnen Schularten, etwa die Typen von allgemeinbildenden Gymnasien oder die Richtungen der beruflichen Gymnasien, ebenfalls über die Hauptschule und Werkrealschule oder die Ganztagsschulen und Gesamtschulen gesonderte Erläuterungen zu finden, auch zu den „Schulverbünden". Aufschlussreich sind ebenfalls die Vorschriften zu den Aufnahmeverfahren und Abschlüssen als zentralen Elementen der Schulen, über Behinderungen und Förderbedarf bis hin zur qualitativen, inneren Schulentwicklung, dem Schulbau und der Schülerbeförderung. Solche Bestimmungen bilden den Rahmen und die Möglichkeiten einer Schulentwicklung, wie sie Gegenstand dieses Gutachtens sind.

Zuerst ist die Aufteilung der Schulangebote und die Bestimmung der Schularten heranzuziehen: die Festlegung der Bildungsgänge und Zertifikate, wie sie von den einzelnen Schulformen vorgehalten werden. Denn sie sind die beiden entscheidenden Größen, die eine Schule ausmachen: der Bildungsgang (Unterricht und Curriculum) und das Zertifikat (Abschluss und seine Berechtigungen).

Daneben sind die Zugangsregeln zu den einzelnen Schularten beachtenswert: Welche Schülerschaft und aus welchem Einzugsbereich darf, kann oder muss aufgenommen werden? Mehrere Regelungen in diesem Bereich stehen in der Diskussion: die Selektion nach der Grundschule, die Einzugsbereiche der Haupt-/Werkrealschulen, der Wechsel zwischen allgemeinbildenden und beruflichen Schulen oder der Schulbesuch bzw. die Schulzuweisung behinderter Kinder oder solchen mit besonderem Förderbedarf.

Bestimmungen zu den Schularten

Für die Primarstufe gibt es landesweit nur eine Schulform mit der Bezeichnung Grundschule. Sie umfasst die Klassenstufen 1 bis 4, wobei die Kinder in der Regel den Schulbesuch mit sechs Jahren aufnehmen und bis zum Alter von zehn Jahren an der Grundschule bleiben. Sie soll möglichst wohnortnah ausgelegt sein, was für die Bestimmung der Größe und Zügigkeit Folgen hat.

In der Sekundarstufe sind die drei wichtigsten Schularten die Hauptschule, die Realschule und das Gymnasium. Die Sekundarstufe I umfasst die Klassen 5 bis 10, die der Sekundarstufe II (nur gymnasiale Oberstufen) zusätzlich die Klassen 11 – 13 bzw. 11 – 12.

Für die Hauptschule gilt: Sie umfasst in der Regel die Jahrgänge 5 bis 9, d.h. fünf Klassenstufen. Bislang hat sie als einzige Schulform der Sekundarstufe einen festen Schulbezirk (Einzugsbereich). Dieser soll allerdings mit Einführung der Werkrealschule in den nächsten Jahren aufgelöst werden, worüber die einzelnen Kommunen befinden sollen.

In Baden-Württemberg werden die Grund- und Hauptschule nicht als getrennte Stufenschulen geführt, sondern oftmals gemeinsam unter einem Dach: die GHS. Diese stufenübergreifende Organisation von Grund- und Hauptschulen ist für die Schulentwicklung beachtenswert, zumal nicht unproblematisch. Denn viele Hauptschulen sind selten eigenständig tragfähig, wobei dies durch den Verbund oft länger verdeckt bleibt. Seit Mitte der 90er Jahre ist die Werkrealschule eingeführt, wobei die Bezeichnung lautet: Hauptschule mit Werkrealschule. Aber nicht jede Hauptschule führt die für die WRS notwendige zehnte Klasse. Diese wurde vielmehr regional konzentriert und nur an einzelnen Hauptschulen errichtet. Mit der Werkrealschule wird ein "mittlerer Abschluss" nach 10 Jahren erworben, der dem an Realschulen als äquivalent gilt.

Im Jahr 2009 ist die neue „Haupt-/Werkrealschule“ gesetzlich eingeführt worden. Von den Kommunen als Schulträger wurde verlangt, deren Einrichtung bis Mitte Dezember 2009 beim Kultusministerium zu beantragen. Ihre Einrichtung setzt voraus, dass sie zumindest gesichert und nachhaltig mit zwei Zügen geführt werden kann. Ihre Einführung ist mit einigen Unklarheiten belastet, etwa was die Einzugsbezirke, die Zusammenarbeit von einzügigen Hauptschulen (als Einzelfälle) oder die Kooperation mit beruflichen Fachschulen betrifft.

Die Realschulen umfassen die Klassenstufen 5 bis 10 und führen zur "Mittleren Reife", daher zuweilen auch „Mittelschulen“ genannt. Zwischen den Realschulen gibt es keine Differenzierung nach Typen oder nach Profilen. Nach Abschluss der Realschule ist unter anderem der Wechsel in ein berufliches Gymnasium möglich, was von einem größeren Teil der Schülerschaft genutzt wird.

Bei den Gymnasien sind drei Typen zu unterscheiden: mathematisch-naturwissenschaftlich, neusprachlich-musisch und altsprachlich-humanistisch; hinzukommen spezifische Profile wie z. B. Musik- oder Sportzug. Das Gymnasium ist in drei Stufen unterteilt, die Unterstufe, die Mittelstufe und die Oberstufe, die bis vor einiger Zeit jeweils drei Klassenstufen umfasst haben. Von Bedeutung für den Bildungsweg sind der Abschluss nach der 10. Klasse und der Übergang in die „gymnasiale Oberstufe". Das Gymnasium vergibt das „Abitur" und damit die Allgemeine Hochschulreife als Berechtigung zu einem Hochschulstudium. In den letzten Jahren fand die Umwandlung in das achtjährige Gymnasium statt: Die Schulzeit wurde auf acht Jahre verkürzt. Formal ist ein Jahrgang der gymnasialen Oberstufe entfallen, denn der Zugang erfolgt weiterhin nach Klasse 10 und die Oberstufe umgreift nun die Klassenstufen 11 und 12. An Abschluss und Berechtigungen hat sich dadurch nichts geändert.

Wegen ihrer spezifischen Bedeutung wären auch die beruflich-fachlichen Gymnasien stärker zu berücksichtigen, die von den Kreisen vorgehalten werden. Diese Gymnasialform bietet verschiedene Richtungen an: Schwerpunkte sind der wirtschaftlich-kaufmännische und technisch-gewerbliche Bereich, aber auch sozialpädagogische, ernährungswissenschaftliche, pharmazeutische und agrarwissenschaftliche Richtungen sind vertreten. Die beruflichen Gymnasien nehmen einen gewichtigen Stellenwert ein. Sie verbessern die Bildungswege zur Hochschulreife in entscheidender Weise, vor allem für Absolventen von Realschulen und Hauptschulen bzw. Werkrealschulen. Sie erfüllen eine wichtige Funktion für Bildungsaufsteiger und tragen zur sozialen Chancengerechtigkeit im Lande bei.

Die beruflichen Fachschulen (zweijährig) sind im Zuge des Gebots einer Kooperation mit den Werkrealschulen ebenfalls wichtig geworden, ein beachtenswerter Aspekt der Zusammenarbeit von allgemeinbildenden und beruflichen Schulen. Inwieweit dabei an die Verordnung zu den „Kooperationsklassen Hauptschule – berufliche Schule" angeknüpft wird (KuU., S. 106/28. Mai 2008, zit. nach GEW-Jahrbuch 2009, S. 440 – 444) muss gegenwärtig noch dahingestellt bleiben. Die beruflichen Fachschulen wären bei einer breiteren Befassung mit der Schulentwicklung einzubeziehen; jedoch kann eine solche Aufarbeitung in diesem Gutachten nicht geleistet werden, auch wegen einer unzureichenden Landes- und Regionalstatistik dazu.

Aufgrund der notwendigen Begrenzung sind ebenfalls die Förderschulen und Sonderschulen in diesem Gutachten nicht einbezogen. Sie weisen öfters eine andere kommunale Verteilung und Trägerschaft auf; sie sind häufig in privater, vor allem kirchlicher Trägerschaft. Allerdings ist davon auszugehen, dass bei tragfähigen zweizügigen Schulen in der Sekundarstufe eine beabsichtigte Kooperation mit Sonder- und Förderschulen und der Integration ihrer Schüler/innen eine günstigere Grundlage erhält.

Die einstmals auch in Baden-Württemberg eingeführten Gesamtschulen werden nun gesondert als „Schulen besonderer Art“ geführt; ihnen ist sogar ein eigener Paragraph des Schulgesetzes gewidmet (§107). Es werden die drei Gesamtschulen in Freiburg, Heidelberg und Mannheim namentlich genannt, die keine Gliederung nach Schularten vornehmen. Sie ermöglichen den Hauptschulabschluss (nach Klasse 9) und den Realschulabschluss (nach Klasse 10); danach eröffnen sie den Übergang in die Oberstufe oder in den Jahrgang 11 eines Gymnasiums (allgemeinbildend oder beruflich).

Tragfähigkeit: Klassenbildung, Zügigkeit und Schulgröße

Für die Frage der Tragfähigkeit und Versorgung sind die Regelungen zur Klassengröße und zum Klassenteiler (Zügigkeiten) heranzuziehen, wie sie für die Grundschulen und die Sekundarschulen gelten. Dazu gehören auch die Regelungen zur besonderen Führung von Schulen (Außenstellen, Einzügigkeit, jahrgangsübergreifender Unterricht).

Eine eigene Klasse ist dann zu bilden, wenn 16 bzw. 17 Schüler/innen gegeben sind. Damit wird die Einzügigkeit der Schulführung erreicht. Bei geringerer Schülerzahl kann es Ausnahmen geben oder jahrgangsübergreifender Unterricht ist einzuführen. Ab wann zwei Klassen zu bilden sind und damit die Zweizügigkeit hergestellt wird, das ist für die Grundschulen und die Sekundarschulen unterschiedlich geregelt. Bei den Grundschulen führt gegenwärtig die Zahl von 31 zur Aufteilung in zwei Klassen. Bei den Sekundarschulen, auch den Hauptschulen, ist dagegen gegenwärtig die Zahl von 33 nötig, um eine Zweizügigkeit einzuführen, d. h. einzelne Klassen können bis zu 32 Schüler/innen umfassen.

In Stellungnahmen wird öfters auch das Maß der notwendigen oder anzustrebenden Schulgröße benutzt: Für die Hautschulen werden zumindest 85 Schüler/innen für die Einzügigkeit und zumindest 170 Schüler/innen für die angestrebte Zweizügigkeit verlangt. Für die Jahrgangsbreite bedeutet dies: Einzügigkeit setzt zumindest 17 Schüler/innen, Zweizügigkeit zumindest 34 Schüler/innen pro Jahrgang voraus, besonders in der Eingangsklasse 5.

Die Regelungen zur Klassenbildung und zur Zügigkeit der Schulen sind in besonderer Weise von politischen Setzungen und finanziellen Überlegungen abhängig. Die Festlegungen dazu sind von weit reichender Konsequenz für die Führung der Schulen, auch die Wahrung oder Einführung eines Schulangebotes, das bei anderen Regelungen gefährdet wäre. So ist eine Herabsetzung des Klassenteilers im Gespräch, der bei Grundschulen bei 28 und bei Hauptschulen, auch den anderen Schulen der Sekundarstufe, bei 30 liegen könnte. Für das zukunftsbezogene Gutachten zur Schulentwicklung wird von 16 Schüler/innen für die Klassenbildung und von 31 Schüler/innen für die Zweizügigkeit ausgegangen; für die langfristig gesicherte Tragfähigkeit zur Einrichtung einer Schule werden 36 Schüler/innen vorausgesetzt.

Möglichkeiten der Kooperation und Bildungszentren

Für die Schulentwicklungsplanung wird der Einrichtung von Bildungszentren oder Schulverbünden ein großer Wert zugesprochen. Denn sie können "besonders im ländlichen Raum die ... Standortnachteile beim Zugang zur Realschule und zum Gymnasium vermindern und so zur Verwirklichung der Chancengleichheit beitragen" (Kultusministerium Baden Württemberg 1968, S. I/18). Ebenfalls wurde angeführt, dass durch die örtliche und räumliche Verbindung von Haupt- und Realschule möglichen Veränderungen der Schülerzahlen zwischen diesen beiden Schulformen besser Rechnung getragen werden könne (S. I/34-35).

Die Zusammenführung von Schularten wird als Schulartbündelung bezeichnet; sie umfasst drei Stufen der Zugehörigkeit: (1) Schularten stehen unter der gleichen Schulleitung, d.h. sie bilden eine Schule; (2) Schulen werden als zugehörig zu einem Schul- oder Bildungszentrum angegeben; (3) Schulen haben die gleiche Adresse oder sind benachbart.

In Baden-Württemberg bestehen mehrere solcher Bündelungen oder Bildungszentren, wobei jede Schule organisatorisch und pädagogisch formal selbständig bleibt. Am häufigsten besteht ein Schulverbund zwischen Grund- und Hauptschule, abgekürzt als „GHS“ bezeichnet (mit gleicher Identitätsnummer). Ebenfalls ist die Bündelung von Hauptschulen und Realschulen nicht so selten anzutreffen, geht man die Schulverzeichnisse durch (auch unter Einbezug der Bündelung GS-HS-RS).

Allerdings behält sich das Kultusministerium vor, in diesem Feld eines Schulverbundes „nähere Vorschriften...für die Koordinierung und die Zusammenarbeit der einzelnen Schulen zu erlassen“ (Schulgesetz § 17, zit. nach GEW-Jahrbuch 2009, S. 687). Offenbar besteht ein gehöriges Maß an Misstrauen gegenüber den Schulträgern und Schulen, denn damit wird ihre mögliche Entscheidungsfreiheit über die Schulentwicklung, die Schularten und deren Bündelung trotz aller proklamierten Autonomie weithin aufgehoben.

Die Möglichkeiten zur Kooperation und Schulartbündelung, wie immer benannt, sind vor allem für die regionale und kommunale Schulversorgung wichtig, ebenso für eine bessere Chancengerechtigkeit der Schüler/innen. Die Argumente sind nach wie vor gültig, wer sie daher verhindert, nimmt oftmals eine schlechtere Schulversorgung in Kauf und beschneidet die Chancengerechtigkeit für den Bildungsweg der Kinder und Jugendlichen.

Möglichkeiten für besondere Angebote: Ganztag, Profilbildung, Integration

Von den Schulen werden zunehmend Aufgaben gefordert, die über das Abhalten von Unterricht hinausgehen. Alle diese Aufgaben sind an Schulen der Sekundarstufe schwerer zu erfüllen, wenn sie sehr klein sind und Zweizügigkeit nicht erreichen. Überlegungen zu solchen Angeboten, die zumeist durch empirische Untersuchungen fundiert sind, beziehen sich auf die Einführung von Ganztagsangeboten zur besseren Förderung und Betreuung aller Kinder, die Profilbildung der einzelnen Schule zur Erhöhung ihrer Attraktivität, die Kooperation der Schule mit Partnern und Einrichtungen im Umfeld bis hin zur Integration von Kindern in den Schulalltag und Unterricht, die ansonsten die Sonder- und Förderschulen besuchen. Von Gewicht ist ebenfalls die Einsicht, dass zur Sicherung von Grundstandards der pädagogischen Schulqualität eine tragfähige Schulgröße bedeutsam ist.

Schulqualität ist keineswegs nur eine Frage der Finanzen und Ressourcen, sondern auch des qualifizierten Personals und der pädagogischen Möglichkeiten. Die grundsätzliche Bedeutung der gesicherten Tragfähigkeit einer Schule, ausgewiesen über ihre nachhaltige Zweizügigkeit, hat die Landesregierung am Beispiel der Werkrealschulen nun ausdrücklich anerkannt, nachdem es lange bestritten wurde. Nun geht auch sie davon aus, dass durch die Zweizügigkeit nicht nur die Schulorganisation erleichtert wird, sondern auch „das Erreichen von Qualitätsstandards". Nach ihrer Auskunft liegt das an mehr fachspezifisch ausgebildeten Lehrkräften, an mehr individuellen Förderangeboten sowie an mehr Möglichkeiten zu Projekten und Wahlpflichtfächern. Sie fügt sogar an: "Weitere Vorteile ergeben sich bei der Realisierung eines Ganztagskonzeptes, bei der Kommunikation zwischen den am Schulleben beteiligten und in den Bereichen, die zur Identifikation mit der „eigenen" Schule beitragen" (Landtag Baden Württemberg, Drucksache 14/4928, v. 29.07.2009; Stellungnahme des Ministeriums für Kultus, Jugend und Sport: Schulstandorte im Land im Schuljahr 2008/09 und ihre weitere Entwicklung).

Demnach erschweren einzügige Schulen, wozu gegenwärtig in der Sekundarstufe einzig Hauptschulen gezählt werden können, die „Umsetzung der pädagogischen Qualitätsstandards als auch die schulische Organisation". Angesichts dieser Auskünfte nehmen Schulträger, Schulen und Eltern eine geringere Förderung und Qualifikation der Schüler/innen hin, wenn sie nicht auf der angemessenen Tragfähigkeit und Größe ihrer Schulen bestehen. Wo im dreigliedrigen Schulwesen diese Sicherung stabil nicht mehr möglich ist, muss daher eine verantwortliche Schulentwicklungsplanung ebenso integrative Schulmodelle in Betracht ziehen, als Option ernsthaft untersuchen und bei höherer Leistungsfähigkeit den Entscheidungsträgern empfehlen.

Der Part der Kommunen und Träger

Gesondert ist der Part der Kommunen als Schulträger anzusprechen, da sie für die Schulangebote, die Gebäude und Hausmeister, zuständig sind, während das Land die Bildungsgänge und Lehrerausstattung besorgt. Formal ist „Schulträger", wer die „sächlichen Kosten der Schule trägt" (§27 Schulgesetz), in der Regel die Gemeinden für die allgemeinbildenden Schulen, die Landkreise für die beruflichen Schulen.

Dem Beschluss eines Schulträgers über die Einrichtung oder Aufhebung einer öffentlichen Schule ist auf die Zustimmung der Schulaufsichtsbehörde angewiesen (§30 über Errichtung, Änderung und Aufhebung von Schulen). In Zeiten des Wandels kann es bei Fragen der Schulversorgung zu Konflikten zwischen diesen Instanzen kommen, die Gemeinden als Schulträger auf der einen Seite und das zuständige Ministerium bzw. die Schulbehörde auf der anderen Seite. Die Einrichtung der Werkrealschule hat dazu bereits einige eindrucksvolle Beispiele geliefert, die keineswegs als Einzelfälle abgetan werden können (u. a. in Heidelberg, Ravensburg, Mühlacker).

Für Fragen der Schulentwicklung sind zudem die Positionen und Einflüsse der Elternvertretungen und der Schulleitungen wichtig. Zu beachten ist, neben den einschlägigen Paragraphen, dafür auch, was zur „Weiterentwicklung des Schulwesens", etwa über „Schulversuche", gesetzlich ausgeführt wird (§22 Schulgesetz).

Neben den öffentlichen Trägern, die Gemeinden und Kreise, gibt es eine Reihe von Schulen in privater Trägerschaft, zumeist Gymnasien, sehr selten Hauptschulen: Private Angebote sind öfters überregional ausgelegt mit weitem (auch bundesweitem) Einzugsbereich, zumal wenn sie als Internat geführt werden. In diesem Gutachten werden daher fast durchweg nur die öffentlichen Schulangebote behandelt, da sie den Auftrag der wohnortnahen und chancengerechten Schulversorgung erfüllen müssen.

1.4 Aufgabe und Anlage des Gutachtens

Bei der Fülle an Problemen und Aufgaben zur Schulentwicklung, hervorgerufen nicht zuletzt durch die Vernachlässigung diese Bereiches in den letzten Jahren, konzentriert sich das Gutachten auf die weitere Entwicklung der öffentlichen, allgemeinbildenden Schulen in der Sekundarstufe. Es untersucht die Leistungsfähigkeit verschiedener Schulmodelle für ein wohnortnahes, tragfähiges und verlässliches Schulangebot, das zur Sicherung der Qualitätsstandards und zur Chancengerechtigkeit beiträgt. Es kommt ihm auf die umfassende Berücksichtigung aller wichtigen Daten zu den Schulen und Schüler/innen an, es bemüht sich um Transparenz der Darlegungen, insbesondere der Prognosen, und es legt Wert auf die Nachvollziehbarkeit aller Folgerungen.

Die Aufgaben des Gutachtens sind umfangreich, sie verlangen eine Aufbereitung des Zustandes der Schulangebote ebenso wie einen Blick in die Zukunft der Schullandschaft. Die Aufgaben werden in acht, aufeinander aufbauenden Schritten behandelt.

Am Anfang des Gutachtens steht die notwendige Versicherung über den gesetzlichen Rahmen und die vorhandene Problemlage in der Schulversorgung. Außerdem werden die Verfahren, Modelle und Kriterien für die Prognosen, Analysen und Einstufungen erläutert, wie dies in Kapitel 1 geschehen ist.

Im 2. Kapitel wird der Schulbestand im Land, in den Kreisen und in den Gemeinden vorgestellt, um deren Verteilung und Entwicklung zu erkennen, auch um spezifische Zusammenhänge aufzuzeigen, etwa zwischen Gemeindegröße und Schulangebot. Ein besonderes Augenmerk wird auf die Hauptschulen und Werkrealschulen gelenkt, vor allem ihre gegenwärtige Zügigkeit als Hinweis auf ihre zukünftige Gefährdung wird untersucht.

Das zentrale Thema der schulischen Versorgungsleistung wird in Kapitel 3 anhand der Schülerzahlen in den Grundschulen sowie in den Hauptschulen, Realschulen und Gymnasien aufgenommen. Dabei stehen die Entwicklung des Schulbesuchs in den letzten Jahren im Mittelpunkt und die gravierenden Veränderungen, die zur Schieflage des Angebotes geführt haben. Ergänzend wird auf die Entwicklung bei den ausländischen Schüler/innen und auf die beruflichen Gymnasien eingegangen.

Die Übergänge auf die Schulen der Sekundarstufe werden in ihrem folgenreichen Wandel ausführlich in Kapitel 4 behandelt, weil damit auch die Grundlagen für die zukünftigen Prognosen (fortdauernder Trend oder Stabilisierung) gelegt werden. Dabei wird die beachtliche Spannweite zwischen den Kreisen ebenso wie zwischen den Gemeinden dargelegt. Es zeigt sich ein nachhaltiger Trend der Abwendung von der Hauptschule und einer stark gestiegene Präferenz für das Gymnasium über alle Kreise und Gemeinden hinweg.

Die Klärung der demographischen Ausgangslage und die Ableitung der Prognosen erfolgt in Kapitel 5. Den Rahmen liefert die allgemeine Bevölkerungsprognose, auch unterteilt nach Altersgruppen für das Land und die Kreise. Entwickelt werden das Konzept und die Datengrundlagen für eine kurzfristige Planungsprognose (2010 – 2014) und eine langfristige Planungsprognose (2015 – 2025). Neben der allgemeinen Prognose zum Jahrgangsvolumen werden spezifische Prognosen für den Besuch der verschiedenen Schulformen, gegliedert oder integriert, vorgenommen, wobei dafür Varianten für die zu erwartenden Übergangsquoten (Zugänge) maßgeblich sind.

Der Blick in die Zukunft richtet sich zuerst auf die Fortschreibung der dreigliedrigen Schulstruktur in der Sekundarstufe mit Hauptschule, Realschule und Gymnasium (Kapitel 6). Besondere Aufmerksamkeit verdienen die Hauptschulen, für die eine Bestands- und Verlustrechnung nach Kreisen sowie zum Schülerpotential in den einzelnen Gemeinden aufgemacht wird, aber auch die Möglichkeiten und Grenzen der neuen Werkrealschule werden durchleuchtet. Ein hoher Stellenwert wird der Fortschreibung bei Realschulen und Gymnasien eingeräumt, denn die steigende Nachfrage verlangt einen Ausbau dieser Bildungsgänge nicht nur an den traditionellen Standorten.

Als Herausforderung ist die Untersuchung über die Möglichkeiten von alternativen Schulmodellen anzusehen, sei es das „Zwei-Säulen-Modell“ mit Verbundschule und Gymnasium oder die integrierte Sekundarschule für alle Kinder einer Gemeinde zumindest bis zur 10. Klasse. In Kapitel 7 wird jeweils dargelegt wie das grundsätzliche Potential für diese beiden Schulformen im Land und in den Kreisen eingeschätzt werden kann. Vor allem wird geklärt, unter welchen Voraussetzungen wie viele Gemeinden als Standort für die Verbundschule (7.1) oder für die Sekundarschule (7.2) in Frage kommen.

Die **Bilanz der Befunde, die Folgerungen und Empfehlungen** werden im Kapitel 8 vorgenommen. Am Anfang der Bilanz steht die Zusammenstellung zentraler Befunde über Zustand und Zukunft der Schulen in Baden-Württemberg. Besonderes Gewicht hat der **Versorgungsvergleich** zwischen den untersuchten Schulmodellen des dreigliedrigen Schulsystems, des Zwei-Säulen-Modells und der integrierten, gemeinsamen Sekundarschule. Dem schließen sich Folgerungen für die schulstrategischen Optionen und Empfehlungen zur zukünftigen Schulentwicklung an.

Neben dem allgemeinen Gutachten zur Schulentwicklung in Baden-Württemberg werden zusätzlich **regionale Planungsgutachten** vorgelegt, die detaillierter auf die Bedingungen in den herangezogenen Kreisen mit ihren Gemeinden eingehen. In den regionalen Planungsgutachten werden insgesamt acht Land- und Stadtkreise behandelt:

- die Landkreise Bodensee (23 Gemeinden) und Ravensburg (39 Gemeinden),
- die Landkreise Emmendingen (24 Gemeinden) und Ortenau (51 Gemeinden),
- der Stadtkreis Heidelberg mit dem Landkreis Rhein-Neckar (54 Gemeinden),
- der Stadtkreis Heilbronn mit dem umgebenden Landkreis Heilbronn (46 Gemeinden).

Mit der Auswahl von 8 Kreisen (aus 44) und damit von 239 Gemeinden (aus 1.109) wird eine angemessene Verteilung auf verschiedene Regionen des Landes (Regierungsbezirke) und auf verschiedene Ausgangslagen der Gemeindestruktur, der Schulverhältnisse und deren Entwicklungsprobleme angezielt.

Es bleibt abschließend zu betonen, dass es sich bei diesem Gutachten um eine planerische Arbeit handelt, die Möglichkeiten und Grenzen unter gegebenen Bedingungen und Kriterien untersucht und Folgerungen aufzeigt. Dies geschieht anhand von statistischen Daten, ihrer tabellarischen Aufbereitung und mittels rechnerischer Analysen. Die Nutzung der Befunde und die Anwendung von Folgerungen, so eindeutig oder nahe liegend sie auch sein mögen, bleiben letztlich eine Frage der politischen Möglichkeiten und Präferenzen, die allerdings informiert, offen, sachgerecht und verantwortlich erfolgen sollten.

2 Schulbestand im Land, in den Kreisen und Gemeinden

Die Konstellation zur Schulentwicklung für eine Kommune und ihr regionales Umfeld ergibt sich aus drei Größen, die zur Bestimmung des Zustandes der Schullandschaft wie zur Einschätzung ihrer möglichen Zukunft gleichermaßen wichtig sind:

- der **Schulbestand**: die Anzahl je Schularten im Primarbereich (Grundschule) und in der Sekundarstufe - mit ihren jeweiligen Klassen und Zügigkeiten;
- die **Schülerzahlen**: bei den Schularten insgesamt und in den einzelnen Klassenstufen, insbesondere in der Eingangsklasse der Sekundarstufe I (Klassenstufe 5);
- Die **Übergänge** (absolut und als Quote) in die Schularten der Sekundarstufe I: in Hauptschule, Realschule und Gymnasium.

Zu diesen drei Feldern werden nachfolgend die gegenwärtigen Verhältnisse (in der Regel Schuljahr 2008/09) mit ihrer Entwicklung in den letzten Jahren dargestellt.

Zuerst wird ein Überblick über die Daten für das gesamte Land gegeben, danach eine Aufteilung nach den 44 Land- und Stadtkreisen vorgenommen, um regionale Unterschiede zu erkennen.

Danach wird zum einen die Situation der einzelnen Schularten dargestellt (Größenordnungen, Zügigkeiten), zum anderen aber die Situation in den 1.109 Gemeinden des Landes aufgezeigt (Schulangebot, Übergänge, Jahrgangsbreiten, Geburten). Obwohl von besonderer Wichtigkeit, unterbleibt in vielen Stellungnahmen und Ausführungen zur Schulentwicklung dieser Blick auf die Gemeinden, obwohl sie der Schulträger sind und durch ihr Schulangebot die regionalen Bildungschancen wesentlich bestimmt werden.

2.1 Überblick zu Bestand und Entwicklung der Schulangebote

Der Schulbestand für das Land Baden-Württemberg im allgemein bildenden Bereich wird für vier Zeitpunkte aufgewiesen: für 1990/91, um mögliche Veränderungen bis 2008/09 langfristig in den Blick zu nehmen; zudem für 2004/05 sowie 2006/07, um auch die kurzfristigen Veränderungen aufzuzeigen (vgl. Tabelle 1).

Im allgemein bildenden Bereich bestehen insgesamt über 5.000 Schulen im Land. Nimmt man die beruflichen Gymnasien hinzu (zuletzt 206 an der Zahl), dann sind im Land 5.329 Schulen verzeichnet, wenn öffentliche und private Träger zusammen gezählt werden. Diese Schulen und ihr zukünftiges Schicksal sind Gegenstand dieses Gutachtens, wobei die Schulen der Sekundarstufe I im Mittelpunkt stehen, aber die Grundschulen und die Schulen mit Oberstufe ebenfalls beachtet werden.

In der offiziellen Zählung der amtlichen Statistik werden übrigens nur 4.147 allgemein bildende Schulen, davon 477 in privater Trägerschaft, ausgewiesen, was darauf zurückzuführen ist, dass gemeinsame Grund- und Hauptschulen als eine Schule gezählt und geführt werden. Das hat aber zur Folge, dass kleine Hauptschulen, etwa unter der Einzügigkeit mit insgesamt weniger als 85 Schüler/innen, sich gleichsam hinter der Grundschule verbergen und in ihrer problematischen Größenordnung und Tragfähigkeit nicht erkenntlich werden. Für eine angemessene Schulentwicklungsplanung ist diese Schulidentität zwar zu beachten, aber für die Analysen zur Größenordnung und Tragfähigkeit der Schulen, vor allem der Hauptschulen, sind sie gesondert zu behandeln.

Tabelle 1:
Zahl der öffentlichen und privaten Schulen in Baden-Württemberg: 1990/01 und 2004/05 bis 2008/09 – mit Veränderungen (absolute Zahlen)

Schulart	1990/91	2004/05	2006/07	2008/09	Veränderungen	
					kurzfristig	langfristig
Grundschulen	2.434	2.553	2.552	2.555	+ 2	+121
Hauptschulen	**1.240**	**1.227**	**1.226**	**1.216**	**-11**	**-24**
Werkreal-schulen	**---**	**---**	**350**	**345**	**- 5**	**---**
Sonder/-Förderschulen	539	585	579	577	- 8	+38
Realschulen	**445**	**467**	**472**	**478**	**+11**	**+33**
Gymnasien	**413**	**432**	**436**	**444**	**+12**	**+31**
Berufl. Gymn.	**180**	**---**	**---**	**206**	**---**	**+26**
Schulen bes. Art	41	50	56	59	+ 9	+18
Insgesamt*	5.112	5.314	5.321	5.329	+15	+217

Quelle: Statistisches Landesamt Baden-Württemberg und eigene Berechnungen.
*Zahlen bei „Insgesamt" abweichend vom Stat. Landesamt, denn dort werden GHS als eine Schule gezählt.

Unter den allgemeinbildenden Schulen werden 2.555 als Grundschulen geführt; sie umfassen somit ziemlich genau die Hälfte der allgemeinbildenden Schulen des Landes. In den letzten zwanzig Jahren sind 121 Grundschulen hinzugekommen, allerdings kaum noch in den letzten fünf Jahren.

Die Zahl der Hauptschulen beläuft sich im Land insgesamt auf 1.216 Schulen (2008/09). Ihre Zahl hat sich sowohl langfristig wie kurzfristig nur wenig verringert, trotz stark rückläufiger Schülerzahlen. Seit 1990/91 haben nur 24 Hauptschulen geschlossen, darunter kurzfristig nicht mehr als 11 Schulen. In den letzten zehn Jahren ist offensichtlich viel unternommen worden, um auch kleine und sehr kleine Hauptschulen zu halten – es bestand bis vor kurzem offenbar eine politische „Bestandsgarantie" für Hauptschulen, unabhängig von ihrer Größe und Leistungsfähigkeit. Die bisherige Werkrealschule, hier gezählt als Hauptschule mit 10. Klasse der Werkrealschule, war im Lande nicht oft vertreten und ging zudem kurzfristig in der Zahl zurück; in den letzten beiden Schuljahren um 5 Schulen auf nur noch 345 „Werkrealschulen" im strengen Sinne (mit Klasse 10).

Bei den Realschulen und Gymnasien ist sowohl langfristig wie kurzfristig eine Zunahme zu verzeichnen. Ihre Zahl hat sich jeweils seit 1990/91 um etwas mehr als 30 Schulen erhöht. Die öffentlichen Realschulen sind mit 427 Schulen (zusätzlich 51 private) deutlich häufiger als die öffentlichen Gymnasien mit 377 Schulen (zusätzlich 67 private) im Land vertreten, obwohl mehr Schüler/innen nach der Grundschule auf ein Gymnasium überwechseln.

Dies wirft die Frage auf, inwieweit das Schulangebot im Land aus dem Gleichgewicht geraten ist und inwieweit es nicht mehr der Nachfrage entspricht. Offenbar besteht ein erhebliches Überangebot an Hauptschulen und zugleich sind größere Defizite bei den Realschulen und Gymnasien vorhanden, wobei zu klären ist, wie umfangreich und regional verteilt die Überangebote und Defizite ausfallen. Dem schließt sich die Frage an, ob diese problematische Schieflage in der Schulversorgung mit dem dreigliedrigen Schulwesen in der Sekundarstufe gelöst werden kann oder ob dafür nicht integrierte Schulformen als Alternativen, wie die Verbundschule oder die Sekundarschule, leistungsfähiger und damit besser geeignet sind.

Die Zahl der Förder- und Sonderschulen hat zwar langfristig zugenommen, ist aber zuletzt etwas zurückgegangen. Gegenwärtig beläuft sich der Bestand auf 577 Förder- und Sonderschulen. Aufgrund der Bemühungen um Inklusion von behinderten und der besonderen Förderung bedürftiger Kinder in die allgemeinbildenden Grund- und Hauptschulen, wäre eine vertiefte Berücksichtigung dieses Schulangebotes zwar angemessen, kann aber im Rahmen dieses Gutachtens nicht erfolgen. Hier bedarf es besonders der planerischen und pädagogischen Abstimmung der beteiligten Schulen in ihrem kommunalen und regionalen Kontext.

Für die beruflichen Fachgymnasien ist eine deutliche Zunahme in den letzten zwanzig Jahre zu beobachten: Ihre Zahl ist von 180 auf 206 Schulen gestiegen. Die Zunahme belegt die Akzeptanz dieser spezifischen Schulart im Schnittpunkt zwischen allgemein bildendem und beruflichem Schulwesen. Planerisch und schulpolitisch bedeutsam ist die Organisationsform: Es handelt sich um eine gesonderte gymnasiale Oberstufe ohne vorgelagerte Unter- oder Mittelstufe, zudem mit einer heterogenen Schülerschaft. Daran ist erkennbar, dass eine solche Schulform durchweg mit hohem Erfolg arbeiten kann. Dies wäre für die Diskussion um die Einrichtung von Sekundarschulen zu beachten, denn mehrere 2-zügige Sekundarschulen könnten eine gemeinsame gymnasiale Oberstufe bilden, die regional ausgelegt ist und einen hohen pädagogischen Standard wahrt. Das Beispiel der beruflichen Fachgymnasien spricht für diese Option, wenn es um die zukünftige schulpolitische Strategie geht.

Trägerschaft, Klassen und Schüler/innen

Der Bestand an allgemeinbildenden Schulen wird differenzierter betrachtet, wenn er nach der Trägerschaft, der Anzahl an Klassen und vor allem nach seiner Schülerzahl aufgeschlüsselt wird, wodurch mittelbar die Versorgungsleistung der einzelnen Schularten signalisiert wird (vgl. Tabelle 2).

Tabelle 2:
Allgemein bildende Schulen mit Klassen und Zahl der Schüler/innen (Stand 2008/09)

Schulart	Schulen	Klassen	Schüler/innen
Grundschulen			
öffentlich	**2.473**	**19.172**	**411.583**
privat	82	381	8.381
Hauptschulen			
öffentlich	**1.176**	**8.039**	**157.984**
privat	40	214	4.647
Sonder- und Förderschulen			
öffentlich	427	4.368	39.400
privat	150	1.937	14.527
Realschulen			
öffentlich	**427**	**8.497**	**234.338**
privat	51	480	12.318
Gymnasien			
öffentlich	**377**	**9.046**	**310.214**
privat	67	1.029	33.207
Schulen besonderer Art			
öffentlich	4	177	4.556
privat	55	1.008	23.069
Insgesamt	5.329	54.348	1.254.224
öffentliche Schulen	**4.884**	**49.299**	**1.158.075**
private Schulen	445	5.049	96.149

Quelle: Statistisches Landesamt, Statistische Berichte: Unterricht und Bildung, 2009

In öffentlicher Trägerschaft befinden sich 4.884 allgemeinbildende Schulen; knapp jede zehnte hat einen privaten Träger (445). Die gegenwärtige Situation der öffentlichen, allgemein bildenden Schulen und ihre zukünftige Entwicklung sind Gegenstand des Gutachtens.

Unter den Grund- und Hauptschulen ist die private Trägerschaft selten. Am häufigsten ist eine private Trägerschaft unter den Sonder- und Förderschulen, was auf das kirchlich-karitative Engagement in diesem Bereich zurückzuführen ist. Danach befindet sich vor allem unter den Gymnasien ein hoher Anteil in privater Trägerschaft, und zwar fast 20 Prozent, d.h. etwa jedes fünfte Gymnasium. Aber auch von den Realschulen hat gut jede zehnte einen privaten Träger. Die Schulen besonderer Art, dazu zählen insbesondere die Waldorfschulen und internationale Schulen, sind fast durchweg in privater Trägerschaft (55 von 59 Schulen). Die beruflichen Fachgymnasien sind überwiegend in der Trägerschaft der Kreise, wie das Berufsschulwesen insgesamt; nur wenige haben einen privaten Träger.

Festzuhalten ist wiederum, dass die amtliche Statistik des Landes nur 3.790 allgemeinbildende Schulen in öffentlicher, d.h. kommunaler Trägerschaft ausweist, weil gemeinsame Grund- und Hauptschulen als eine Schule gezählt werden. Für die Analyse der Schulversorgung sind aber die Angebote im Primar- und im Sekundarbereich getrennt zu behandeln. Demnach bilden 1.094 Schulen als GHS eine organisatorische Einheit, während eigenständige Hauptschulen verhältnismäßig selten sind, und zwar nur 84 von ihnen.

Die Zahl der Klassen und Schüler/innen wird in der Folge nur noch für die Schulen betrachtet, die sich in öffentlicher Trägerschaft befinden. Insgesamt haben diese 4.884 Schulen 49.299 Klassen aufzuweisen: Demnach hat jede Schule im Schnitt 10 Klassen.

Bei den 2.473 öffentlichen Grundschulen sind im Schnitt 7,8 Klassen vorhanden, d.h. pro Jahrgang von 1 bis 4 werden zwei Klassen gebildet. Die 1.176 öffentlichen Hauptschulen melden 8.039 Klassen, d.h. pro Schule 6,8 Klassen; da die Hauptschulen zumeist 5 Jahrgänge aufweisen (Klasse 5 – 9) besagt dies, dass sie ganz überwiegend nur einzügig geführt werden. Es gibt demnach viel mehr Hauptschulen die deutlich kleiner sind als die Grundschulen, obwohl diese wohnortnäher ausgelegt sein sollten. Die Hauptschulen werden oft weiter geführt, obwohl sie keine angemessene Versorgung leisten, denn diese wird nach den Standards der Schulentwicklung bei zwei Zügen angesetzt.

An den Realschulen ist die Situation gänzlich anders. Für die 427 öffentlichen Realschulen errechnen sich im Schnitt 19,9 Klassen, was besagt, dass bei 6 Jahrgängen (Klasse 5 bis 10) knapp über drei Klassen bzw. Züge je Jahrgang vorgehalten werden. Daraus folgt, dass ein größerer Teil der Realschulen zu groß geworden ist, was ihre organisatorische Leitung und pädagogische Leistung erschwert oder sogar beeinträchtigt.

Schwieriger ist die Berechnung für die 377 öffentlichen Gymnasien, da sie zum einen sich auf dem Weg zum kürzeren Gymnasium befinden (G8) und zum anderen in den Jahrgangsstufen 12 bzw. 13 keine Klassen mehr bilden. Sie weisen insgesamt über 9.000 Klassen auf, was einem Schnitt von 24,0 Klassen pro Schule bedeutet. Dies verweist zumindest darauf, dass auch unter den Gymnasien aufgrund der gestiegenen Nachfrage die einzelnen Schulen oft zu groß werden, viele Klassen gebildet werden müssen und die Räume in der Folge nicht mehr reichen. Für Realschulen wie für Gymnasien zeichnet sich bereits bei dieser einfachen Gegenüberstellung von Schulen und Klassen ein bemerkenswertes Defizit ab, was von den Kommunen bislang nicht angemessen durch Ausbau oder Neugründung verringert wurde.

Dieser Eindruck eines Überangebots bei den Hauptschulen und von Defiziten bei Realschulen und Gymnasien wird durch die Schülerzahlen bestätigt. Die Grundschulen haben im Schnitt 166 Schüler/innen und zugleich 21,5 Schüler/innen pro Klasse. Die Hauptschulen weisen im Schnitt demgegenüber nur

134 Schüler/innen auf, sind also von einer Zweizügigkeit weit entfernt, wenn diese – wie bislang vom Land gehandhabt - bei 170 Schüler/innen angesetzt wird. Die Klassen haben im Schnitt 19,7 Schüler/innen, sind also kleiner als an den Grundschulen. Sie liegen außerdem nur noch knapp über dem Kriterium für die Klassenbildung, das offiziell bei 17,0 Schüler/innen angesetzt wird.

Die Größe der Realschulen wird erneut ersichtlich, denn sie beträgt im Schnitt 549 Schüler/innen. In den Klassen sind 27,6 Schüler/innen im Schnitt. Es ist verständlich, dass ein solcher Zustand öfters als unzuträglich bezeichnet wird und die Förderung der Schüler/innen beeinträchtigt. Die Gymnasien sind in der Regel sehr große Schulen mit einer Schülerzahl von 823 im Schnitt. Wird die Schülerzahl durch die Klassenzahl geteilt, ergibt sich im Schnitt eine Klassengröße von 34,3 Schüler/innen. Da sich viele Schüler/innen der Klassenstufe 12 und 13 in der Oberstufe nicht in einem Klassenverband befinden, dürfte sich die Klassengröße etwas verringern, aber ähnlich ungünstig sein wie an den Realschulen.

Werden für die Schulen der Sekundarstufe, die Hauptschulen, Realschulen und Gymnasien, die Zahl der Schulen den Schülerzahlen gegenübergestellt, wird die eingetretene Schiefe der Schulversorgung deutlich: Die Hauptschule ist im Land etwa dreimal so oft vorhanden wie eine Realschule (genau: 2,8 mal so häufig) oder ein Gymnasium (genau: 3,1 mal so häufig). Im Vergleich zu den Gymnasien beträgt ihre Schülerschaft aber nur die Hälfte, im Vergleich zu den Realschulen nur noch zwei Drittel. Eine solche Unverhältnismäßigkeit weist auf eine erhebliche Unordnung in der Schullandschaft hin und ist zugleich Ausdruck einer unverständlichen Ignoranz gegenüber dem veränderten Elternwillen.

2.2 Schulangebote nach Kreisen

Betrachtungen zum Schulangebot im Land ergeben erste Übersichten zu Verteilungen, Entwicklungen und Probleme der Versorgung. Sie bedürfen der genaueren Aufbereitung nach Kreisen und Gemeinden, um Einblicke in die regionale Schulversorgung zu gewinnen. Für den Umfang des Schulangebotes in den 44 Kreisen des Landes spielt dessen Einwohnerzahl und Gemeindeverteilung eine gewichtige Rolle. Dafür liefern die Zahl und der Anteil an Schulen, besonders in der Sekundarstufe, einigen Aufschluss (vgl. Tabelle 3, S. 22).

Tabelle 3: Anzahl öffentlicher und privater allgemein bildender Schulen in den Kreisen in Baden-Württemberg, Stand 2008/09

Kreis		GS		HS		RS		GYM		SuF	
		öff.	pr.	öff.	pr.	öff.	pr.	öff.	pr	öff.	pr.
01	S Stuttgart	72	7	35	2	19	3	26	7	19	10
02	L Böblingen	70	1	33	1	16	0	16	0	15	0
03	L Esslingen	102	4	49	2	22	0	17	2	18	3
04	L Göppingen	67	0	28	0	11	0	9	0	11	3
05	L Ludwigsburg	91	0	42	0	21	1	20	2	18	1
06	L Rems-Murr	90	3	35	0	18	1	14	1	16	3
07	S Heilbronn	19	1	11	1	4	1	5	1	6	1
08	L Heilbronn	94	0	29	0	13	0	10	1	14	3
09	L Hohenlohe	30	1	13	1	6	1	3	0	5	3
10	L Schwäbisch-Hall	48	1	27	0	11	1	6	2	10	3
11	L Main-Tauber	42	1	21	0	7	1	5	0	7	2
12	L Heidenheim	35	1	17	0	7	1	6	0	6	2
13	L Ostalbkreis	93	2	42	0	16	3	14	2	13	5
14	S Baden-Baden	11	1	5	0	1	1	3	2	1	2
15	S Karlsruhe	45	2	26	1	9	2	11	3	10	3
16	L Karlsruhe	100	3	52	1	15	2	12	4	14	6
17	L Rastatt	60	0	28	0	10	0	6	0	5	4
18	S Heidelberg	17	6	6	1	3	2	4	4	5	1
19	S Mannheim	34	0	21	0	9	2	9	4	11	3
20	L Neckar-Odenw.	47	0	23	0	6	0	6	0	6	4
21	L Rhein-Neckar	111	2	50	1	16	1	16	4	17	3
22	S Pforzheim	18	0	13	0	4	0	5	1	4	3
23	L Calw	42	1	19	1	7	0	5	0	7	3
24	L Enzkreis	54	2	23	2	9	2	6	0	3	1
25	L Freudenstadt	35	0	17	0	7	0	5	0	5	2
26	S Freiburg	30	8	10	4	6	4	9	2	9	5
27	L Breisgau-Hochs.	69	2	34	1	9	1	8	2	8	4
28	L Emmendingen	42	2	23	1	7	1	4	0	10	2
29	L Ortenau	116	3	70	2	17	3	13	4	22	7
30	L Rottweil	53	1	24	1	6	1	6	0	7	2
31	L Schwarzw.-Baar	52	2	26	1	8	3	7	2	11	4
32	L Tuttlingen	37	1	18	1	7	0	5	0	8	1
33	L Konstanz	62	1	34	2	10	2	9	1	10	6
34	L Lörrach	58	2	26	1	8	1	7	1	8	6
35	L Waldshut	51	1	28	0	9	1	3	1	7	3
36	L Reutlingen	64	2	34	2	10	0	9	1	9	3
37	L Tübingen	50	2	23	2	7	1	9	3	7	2
38	L Zollernalb	53	0	26	0	11	0	8	0	10	1
39	S Ulm	25	3	10	0	4	2	6	1	8	2
40	L Alb-Donau	64	1	27	0	8	1	5	2	10	1
41	L Biberach	63	4	27	2	7	1	7	1	7	5
42	L Bodensee	44	2	18	2	7	1	6	1	8	6
43	L Ravensburg	73	5	38	4	11	2	11	3	13	11
44	L Sigmaringen	40	1	15	0	8	1	6	2	9	5
	Land insgesamt	**2.473**	**82**	**1.176**	**40**	**427**	**51**	**377**	**67**	**427**	**150**

Quelle: Statistisches Landesamt Baden-Württemberg und eigene Berechnungen.

Große Unterschiede in der Zahl der Hauptschulen nach Kreisen

Die meisten öffentlichen Hauptschulen sind im LK Ortenau zu finden, nämlich 70 (Stand 2008/09). Aber auch der LK Karlsruhe (52) und die LK Esslingen (49) und Rhein-Neckar (50) sowie der Ostalbkreis und der LK Ludwigsburg (je 42) haben noch viele Hauptschulen in den Gemeinden des Kreisgebietes. Forthin wird im Text Landkreis als „LK" und Stadtkreis als „SK" abgekürzt; in den Tabellen wird entsprechend „L" und „S" abgekürzt.

Wenige Hauptschulen sind in einigen Stadtkreisen wie Baden-Baden (5) oder Heidelberg (6); andere haben aber durchaus noch eine größere Zahl wie vor allem Stuttgart (35) oder Mannheim (21). Bei den Landkreisen sind wenige Hauptschulen in Hohenlohe (13), Pforzheim (13), Sigmaringen (15), Heidenheim (17), Freudenstadt (17) und Tuttlingen (18) vorhanden. In allen anderen Kreisen werden zwischen 20 und 40 Hauptschulen gezählt.

Die Spannweite in der Zahl der öffentlichen Realschulen nach Kreisen ist längst nicht so groß wie bei den Hauptschulen: Sie liegt zwischen 1 Realschule (SK Baden-Baden) und 22 Realschulen (LK Esslingen). Viele Realschulen sind auch im SK Stuttgart (19) sowie im LK Ortenau (17) und im LK Rems-Murr (18) angesiedelt, wenige im Vergleich in den Stadtkreisen Ulm, Heilbronn und Pforzheim (je 4) und im SK Heidelberg (nur 3).

Bei der Verteilung der Schulen in der Sekundarstufe fallen einige Kreise auf, in denen die Zahl der Realschulen und Gymnasien mehr oder weniger deutlich über der der Hauptschulen liegt. Dies ist in sieben Kreisen der Fall, wobei fünf davon Stadtkreise sind: Stuttgart, Baden-Baden, Heidelberg, Freiburg und Ulm sowie die zwei Landkreise Ludwigsburg und Sigmaringen. Bei den Stadtkreisen kann die überproportionale Zahl an Realschulen und Gymnasien sicherlich auch auf die regionale Versorgung für die Umlandgemeinden zurückgeführt werden. In sieben weiteren Gemeinden halten sich Hauptschulen und Realschulen bzw. Gymnasien zahlenmäßig etwa die Waage: wie in den vier Landkreisen Böblingen, Ludwigsburg, Rems-Murr, Heidenheim und in den drei Stadtkreisen Karlsruhe, Heilbronn und Pforzheim. Insofern haben bislang noch 31 Kreise eine Überzahl an Hauptschulen, die in den beiden Landkreisen Ortenau (35 mehr) und Karlsruhe (20 mehr) auffällig groß ist.

Es ist zu erwarten, dass in vielen Kreisen sich in den nächsten Jahren die Proportionen zwischen den Hauptschulen (als Werkrealschulen), den Realschulen und den Gymnasien verschieben werden. Einerseits werden viele Hauptschulen aufgelöst, kurzfristig wohl einige hundert, langfristig wohl die Mehrheit des Bestandes; andererseits dürften auch weitere Realschulen und Gymnasien eingerichtet werden, möglicherweise zum Teil in Räumlichkeiten ehemaliger Hauptschulen. Auch die Diskussion um ein längeres gemeinsames Lernen kann in einiger Zeit dazu führen, dass vermehrt Gemeinden auf integrative Schulmodelle setzen, die Verbundschule oder Sekundarschule beschließen und deren Einrichtung beantragen. Insofern kann die gegenwärtige Verteilung nach Schularten zum Schuljahr 2008/09 (wie in Tabelle 3 ausgewiesen) bald als „historisch" gelten, nachdem sich viele Jahre wenig beim Schulbestand bewegt hat.

2.3 Gemeindegröße und Spektrum des Schulangebotes

Einigen Aufschluss über die Problematik der Schulversorgung und die möglichen zukünftigen Entwicklungen im Schulangebot vermittelt eine Aufteilung der Struktur des Schulangebotes nach der Gemeindegröße. Damit wird nun die Gemeindeebene behandelt, die eine eigene Wichtigkeit besitzt, weil Gemeinden die Träger der allgemein bildenden Schulen sind. Die Gemeinden, neben den einzelnen Schulen, stehen im Mittelpunkt dieses Gutachtens, mehr noch bei den Regionalgutachten für einzelne Kreise (Bodenseekreis, Ravensburg, Ortenau, Emmendingen, Rhein-Neckar, Stadt und Land Heilbronn).

Die Struktur des Schulangebotes nach der Gemeindegröße ermöglicht Antworten auf einige Fragen und vermittelt darüber hinaus wichtige Einsichten über Zusammenhänge, die für die weitere Schulentwicklung bedeutsam sind. Die Grundfrage lautet: Welche Gemeinden können sich welches Schulangebot leisten? Es wird ersichtlich, dass von den 1.109 Gemeinden im Land 69 so klein sind, dass sie ohne jegliche Schule auskommen müssen. Sie haben alle weniger als 2.000 Einwohner, die Mehrheit sogar weniger als 500 Einwohner (vgl. Tabelle 4, S. 25).

Insgesamt verfügen 328 Gemeinden über keine Schule der Sekundarstufe, auch über keine Hauptschule. Das sind immerhin 30% aller Gemeinden des Landes. Unter diesen Gemeinden ist die Spannweite der Einwohnerzahl recht groß, wobei die meisten Gemeinden zwischen 1.000 und 3.000 Einwohner zählen. Aber es gibt auch 9 Gemeinden mit mehr als 5.000 Einwohnern, die nur die Grundschule anbieten.

Es ist keinesfalls auszuschließen, dass auch in Gemeinden mit anderen Schulen in der Sekundarstufe neben der Hauptschule, wie Realschule oder Gymnasium, die Hauptschule zu klein und damit gefährdet ist, weil die Auflösung droht. Von hohem Interesse ist dann die Konstellation in jenen Gemeinden, die Hauptschule und Realschule vorhalten. In diesen 133 Gemeinden, in der Regel zwischen 5.000 und 15.000 Einwohnern, ist die Frage der Zusammenführung dieser beiden Schulformen besonders virulent, weil dann das oft gefährdete Hauptschulangebot im Rahmen einer Verbundschule als Bildungsgang am Ort gesichert werden könnte. Aber auch die Einführung einer Sekundarschule mit drei Zügen und einem gymnasialen Bildungsgang wäre für diese Gemeinden prüfenswert, weil dadurch das Schulangebot erweitert und der Schulstandort aufgewertet würde.

Einige Gemeinden haben in der Sekundarstufe neben der Hauptschule noch ein Gymnasium vor Ort. Auch in diesen wenigen Fällen, es sind 26 Gemeinden, würde eine Verbundschule ebenso (neben Wahrung des Gymnasiums) wie eine Sekundarschule (unter Einbezug des Gymnasiums) das Schulangebot deutlich erweitern und sichern. Sie stellen damit für einen solchen Schulstandort eine attraktive Option dar.

Schließlich sind jene Gemeinden beachtenswert, die über alle drei Schulformen der Sekundarstufe verfügen, unabhängig davon, wie oft die einzelne Schulform vertreten ist. Es handelt sich um 200 Gemeinden, davon liegt die Mehrheit (125 Gemeinden) über 15.000 Einwohner. Bei diesen Gemeinden, vor allem wenn sie weniger als 10.000 Einwohner haben, ist die Versorgung für die umliegenden Gemeinden zu beachten. Für die 50 Gemeinden zwischen 5.000 und 10.000 Einwohnern dürfte entweder die Verbundschule oder die Sekundarschule zur Sicherung und Wahrung aller Bildungsgänge und Abschlüsse in der Sekundarstufe attraktiv und eine vorteilhafte Alternative zum dreigliedrigen Schulwesen sein.

Tabelle 4:
Gemeindegrößen und Schulangebotsstruktur in Baden-Württemberg 2007/08

Einwohner*	Gemeinden	ohne Schule	nur GS	GS/HS (GHS)	GS/HS/ RS	GS/HS/ GYM	GS/HS/ RS/GY
bis 499	38	37	-	1	-	-	-
500 – 999	44	24	20	-	-	-	-
1.000 – 1.499	39	5	31	3	-	-	-
1.500 – 1.999	66	2	49	15*	-	-	-
2.000 – 2.499	93	1	58	31	2	1	-
2.500 – 2.999	73	-	37	36*	-	-	-
3.000 – 3.999	136	-	41	88	5**	1	1
4.000 – 4.999	98	-	14	72	8	3	1
5.000 – 5.999	96	-	4	64	23	3	2
6.000 – 7.499	85	-	5	48	22	5	5
7.500 – 9.999	93	-	-	45	31	5	12
10.000-12.499	69	-	-	12	26	2	29
12.500 – 14.999	45	-	-	6	10	4	25
15.000 – 24.999	62	-	-	1	5	2	54
25.000 und mehr	72	-	-	-	1	-	71
Insgesamt	1.109	69	259	422	133	26	200

Quelle: Statistisches Landesamt Baden-Württemberg 2009 (Stand 31.12.2007) und eigene Berechnungen.
*(Jeweils) eine Gemeinde nur mit HS, ohne GS; **Zwei Gemeinden nur mit GS/RS, aber ohne HS.

Die Übersicht zum Zusammenhang zwischen Gemeindegröße und dem Schulangebot vermittelt einige Einsichten, die der Planung zur Zukunft des Schulangebotes als Orientierung dienen. Es ist hilfreich, fünf Stufen von Gemeindegrößen zu unterscheiden, die für das Spektrum des Schulangebotes bedeutungsvoll sind:

- Da sind zuerst die Gemeinden **bis 500 Einwohner** (trotz Verwaltungsreform 38 Gemeinden), die nahezu alle keine Schule haben, auch keine Grundschule.
- Die Gemeinden **bis 2.000 Einwohner** können zwar eine Grundschule vorhalten, haben aber nur in Ausnahmefällen eine Hauptschule.
- Die Gemeinden **zwischen 2.000 und 5.000** Einwohnern haben gegenwärtig alle eine Grund- und Hauptschule (meist als GHS), aber die Hauptschule ist durchweg nicht zweizügig, oft nicht einmal einzügig und daher durchweg stark gefährdet.
- Die Gemeinden **zwischen 5.000 und 10.000** Einwohnern haben alle in der Sekundarstufe neben der Hauptschule auch eine Realschule (einige sogar ein Gymnasium).
- Schließlich sind in nahezu allen Gemeinden mit **15.000 und mehr** Einwohnern alle drei Schulformen der Sekundarstufe vertreten, **ab 25.000** Einwohnern zumeist mehrfach.

Im Hinblick auf die zukünftige Schulentwicklung wird bereits ersichtlich, für welche Gemeinden unter den Gesichtspunkten des Nutzens für das Schulangebot und der Attraktivität als Schulstandort die Alternativen integrativer Schulen wie die Verbundschule oder Sekundarschule besonders prüfenswert sind. Es betrifft in erster Linie alle Gemeinden zwischen 5.000 und 15.000 Einwohnern, für die eine solche Option nahe liegend wäre, um das Schulangebot dadurch tragfähig zu sichern, oft sogar zu erweitern: Es handelt sich um die beachtliche Zahl von 388 Gemeinden. Bei allen kleineren Gemeinden unter 5.000 Einwohnern ist davon auszugehen, dass sie zukünftig kommunal keine Schule der gegliederten Sekundarstufe, zumal keine Hauptschule, vorhalten können. In einem Großteil dieser Gemeinden, zumindest in jenen über 3.000 Einwohnern, immerhin 234 Gemeinden, könnte aber eine Verbundschule oder eine Sekundarschule mit zwei Zügen die drohende Auflösung der Hauptschule kompensieren, das Schulangebot sogar stabil erweitern.

Auf der anderen Seite kann in den 134 Gemeinden mit mehr als 15.000 Einwohnern die Verbund- wie die Sekundarschule in der Regel nicht zu einer Erweiterung an Bildungsgängen und Zertifikatsmöglichkeiten führen (ausgenommen 9 Gemeinden ohne volles Schulangebot in der Sekundarstufe). Aber in diesen Gemeinden könnte dadurch der drohende Verlust an Hauptschulen teilweise aufgefangen werden. In den anderen Fällen würde es sich um eine Transformation der Schulangebote in neue Schulmodelle ohne zusätzliche strukturelle Erweiterung oder Sicherung handeln. Allerdings könnten in den größeren Gemeinden (ab 25.000 Einwohnern) integrierte Modelle zusätzlich angeboten werden, um dem Elternwillen zu entsprechen. Es lässt sich bereits abschätzen, in wie vielen Gemeinden zukünftig keine Sekundarschule kommunal allein vorgehalten werden kann, weder als gegliederte Schulform noch als integrierte Alternative, sondern nur wenn mehrere dieser Gemeinden kooperieren: Es sind dies die Gemeinden mit weniger als 3.000 Einwohnern: Es handelt sich um 353 Gemeinden, von denen allerdings bereits gegenwärtig 328 ohne Schule in der Sekundarstufe sind.

2.4 Hauptschulen und Werkrealschulen

Eine gesonderte Aufbereitung gilt dem Bestand an Hauptschulen in den Kreisen und der Ausweis, wie viele davon eine 10. Klasse für das Zertifikat der Werkrealschule führen. Zu klären ist dabei, ob sich bereits ein Rückgang bei den Hauptschulen abzeichnet und wie ihre Tragfähigkeit, bemessen nach Zügen, bestellt ist. Diese Auskünfte sind umso bedeutsamer, insofern sich die gegenwärtigen Größenverhältnisse der Hauptschulen und Werkrealschulen weitgehend auch in die Zukunft hin fortsetzen werden, eher eine weitere Abnahme unterstellt werden kann.

2.4.1 Geringer Rückgang bei den Hauptschulen bis 2008/09

Die Zahl der öffentlichen Hauptschulen hat sich zwischen 2006/07 und 2008/09 bereits um 21 verringert und ist auf 1.176 zurückgegangen. Die Betrachtung nach Kreisen ergibt, dass die meisten Hauptschulen mit Abstand im Ortenaukreis stehen, und zwar 70 an der Zahl (unverändert). Höhere Zahlen an Hauptschulen finden sich 2008/09 auch im LK Karlsruhe (52), im LK Rhein-Neckar-Kreis (50), im LK Esslingen (49); wenig Hauptschulen finden sich in einigen Stadtkreisen wie Baden-Baden (6), Heidelberg (8), Ulm (10) und Heilbronn (11) – dies ist offenbar nicht allein auf die Nachfrage zurückzuführen.

In den meisten Kreisen ist in den letzten drei Jahren, d.h. zwischen 2006/07 und 2008/09, die Hauptschullandschaft (noch) unverändert geblieben. Insgesamt ist erst für 13 Kreise eine Reduzierung des Hauptschulangebotes festzustellen, und zwar am stärksten im LK Ravensburg (- 4 Hauptschulen); fünf weitere Kreise haben 2 Hauptschulen weniger (darunter SK Heidelberg, LK Waldshut, der Zollernalbkreis, Bodenseekreis und der LK Sigmaringen). In weiteren sieben Landkreisen ist eine Hauptschule in diesem Zeitraum aufgegeben worden (vgl. Tabelle 5).

Da die Reduzierung bei den Hauptschulen zumeist im Jahre 2008/09 erfolgte, ist davon auszugehen, dass darin die ersten Schritte zur weiteren Auflösung von Hauptschulen zu sehen sind. Es erscheint notwendig, möglichst zeitnah zu erfahren, welche Hauptschulen im Schuljahr 2009/10 nicht weiter geführt werden und was für 2010/11 an Schließungen bereits vorgesehen ist.

Tabelle 5: Hauptschulen und Werkrealschulen (HS mit 10. Klasse) nach Kreisen in Baden-Württemberg (2006/07 - 2008/09)

Kreis		Hauptschulen				Werkrealschulen			
		2006/ 07	2007/ 08	2008/ 09	+/-	2006/ 07	2007/ 08	2008/ 09	+/-
01	S Stuttgart	35	35	35	=	9	9	9	=
02	L Böblingen	33	33	33	=	6	7	7	+1
03	L Esslingen	49	49	49	=	10	10	10	=
04	L Göppingen	28	28	28	=	13	12	12	-1
05	L Ludwigsburg	42	42	42	=	13	13	13	=
06	L Rems-Murr	35	35	35	=	16	16	15	-1
07	S Heilbronn	11	11	11	=	3	4	4	+1
08	L Heilbronn	29	29	29	=	10	9	9	-1
09	L Hohenlohe	13	13	13	=	2	2	2	=
10	L Schwäbisch-Hall	27	27	27	=	8	8	8	=
11	L Main-Tauber	21	21	21	=	4	4	3	-1
12	L Heidenheim	17	17	17	=	4	4	3	-1
13	L Ostalbkreis	42	42	42	=	6	7	7	+1
14	S Baden-Baden	6	6	5	-1	1	1	-	-1
15	S Karlsruhe	26	26	26	=	8	8	8	=
16	L Karlsruhe	52	52	52	=	26	25	25	-1
17	L Rastatt	28	28	28	=	6	4	5	-1
18	S Heidelberg	8	7	6	-2	2	2	2	=
19	S Mannheim	21	21	21	=	10	10	10	=
20	L Neckar-Odenwald	23	23	23	=	5	5	5	=
21	L Rhein-Neckar	51	51	50	-1	24	25	25	+1
22	S Pforzheim	13	13	13	=	1	1	1	=
23	L Calw	19	19	19	=	5	5	5	=
24	L Enzkreis	23	23	23	=	8	8	8	=
25	L Freudenstadt	18	17	17	-1	3	3	3	=
26	S Freiburg	10	10	10	=	2	2	3	+1
27	L Breisgau-Hoch.	34	34	34	=	8	8	8	=
28	L Emmendingen	23	23	23	=	4	4	4	=
29	L Ortenau	70	70	70	=	13	13	13	=
30	L Rottweil	24	24	24	=	4	4	3	-1
31	L Schwarzwald-Baar	26	26	26	=	13	12	13	=
32	L Tuttlingen	18	18	18	=	5	5	5	=
33	L Konstanz	35	35	34	-1	7	7	7	=
34	L Lörrach	27	27	26	-1	12	12	11	-1
35	L Waldshut	30	28	28	-2	7	8	8	+1
36	L Reutlingen	34	34	34	=	6	7	5	-1
37	L Tübingen	24	24	23	-1	4	3	3	-1
38	L Zollernalb	28	28	26	-2	11	12	12	+1
39	S Ulm	10	10	10	=	3	3	3	=
40	L Alb-Donau	27	27	27	=	10	11	10	=
41	L Biberach	28	28	27	-1	7	8	8	+1
42	L Bodensee	20	19	18	-2	7	8	8	+1
43	L Ravensburg	42	42	38	-4	15	15	15	=
44	L Sigmaringen	17	16	15	-2	9	9	7	-2
	Land insgesamt	**1.197**	**1.191**	**1.176**	**-21**	**350**	**353**	**345**	**-5**

Quelle: Statistisches Landesamt und eigene Berechnungen

2.4.2 Werkrealschulen: Bestand und neue Planung

Beachtenswert für die Schulentwicklung sind jene Hauptschulen mit einer 10. Klasse, d.h. Werkrealschulen im engeren Sinne. Sie beschulen nicht nur Schüler/innen der eigenen Hauptschule sondern nehmen auch Schüler/innen anderer Hauptschulen aus der Kommune oder der Region auf. Sie sind für die Schulentwicklung deshalb von besonderem Interesse, weil sie am ehesten für die zukünftige Werkrealschule in Frage kommen, die möglichst zweizügig sein sollte bzw. auf Kooperationen mehrerer Hauptschulen angewiesen ist.

Daher ist die Einrichtung der Werkrealschule, in ihrer bisherigen Auslegung oder zukünftigen Gestaltung, für die Schulentwicklungsplanung ein zentraler Aspekt, der transparent, mit Daten gut unterlegt und planerisch wie politisch gut überlegt sein sollte. Insofern bleibt es fragwürdig, ob ihre hastige Beantragung bei weithin unklaren Vorgaben zur Einrichtung und Fortführung zu einer angemessenen Verteilung, stabilen Tragfähigkeit wie Versorgungsleistung führen wird. Zumal bei einer Freigabe der Hauptschul-Einzugsbereiche die zukünftige Werkrealschule potentielle Schüler/innen von den verbliebenen Hauptschulen in relevantem Umfang abziehen dürfte. Es ist daher planerisch zu berücksichtigen, dass im Umkreis der Werkrealschulen zukünftig die anderen Hauptschulen weitere Einbußen bei ihrer Schülerklientel erwarten können.

Im Jahre 2008/09 bestehen im Lande 345 öffentliche Hauptschulen, für die eine 10. Klasse ausgewiesen wird, und die damit den Abschluss der „Werkrealschule“ (WRS) vergeben. Im SK Baden-Baden wird die ehemals einzige „Werkrealschule“ 2008/09 nicht mehr geführt; auch im SK Pforzheim gibt es nur 1 WRS. Die meisten Werkrealschulen mit jeweils 25 an der Zahl liegen im LK Karlsruhe und im Rhein-Neckar-Kreis (vgl. Tabelle 5, S. 28).

Die Zahl der Werkrealschulen (mit 10. Klasse) ist zwischen 2006/07 und 2008/09 zurückgegangen und zwar um 5 WRS auf nunmehr 345 im Land. Als überraschend mag angesehen werden, dass ein recht hoher Wechsel in der Zahl der Werkrealschulen in den Landkreisen zu beobachten ist. Neben Zu- und Abnahmen gibt es sogar eine jährliche Veränderung der Zahl an WRS in manchen Kreisen. Dies zeugt von einer gewissen Instabilität bei den Werkrealschulen, die der Akzeptanz eines solchen Schulangebotes eher abträglich ist.

Gemäß der Pressemitteilung des zuständigen Ministeriums sind bis zum Stichtag, 15. Dezember 2009 insgesamt 472 Anträge auf Werkrealschulen im Land eingetroffen, wobei „hunderte von Hauptschulen zusammengelegt“ worden seien, was nichts anderes besagt, als dass deren Auflösung bereits beschlossene Sache ist. Unter allen diesen Anmeldungen sind übrigens 95 einzügige Hauptschulen. Demnach verbleiben nur 377 zweizügige Hauptschulen im Land, die nun als Werkrealschulen fortgeführt werden. Sie sollen künftig die „erste Säule“ der nach wie vor dreigliedrigen (über eine Phase nun sogar viergliedrigen) Sekundarstufe sein. Lakonisch fügt das Ministerium an, dass in zehn Jahren die Hauptschule „allmählich verschwunden sein wird“ (vgl. Ministerium für

Kultus, Jugend u. Sport, Baden-Württemberg, Mitteilung vom 17.12.2009; Südkurier Nr. 293 v. 18.12.2009, S. 10).

Bei dieser Verkündigung seitens des Landesministeriums wird übergangen, dass die Kommunen gleichsam gezwungen wurden, bis zum Stichtag eine Anmeldung vorzunehmen, in vielen Fällen ohne unzureichende Planungsphase und belegt mit einem Verbot, Alternativen zu erwägen oder gar vorzusehen. Es handelt sich um „Anmeldungen", wobei bei den einzügigen Hauptschulen offen ist, inwieweit sie als „Einzelfall" als genehmigungsfähig eingestuft werden und wie viele Werkrealschulen zum Schuljahr 2010/11 tatsächlich eingerichtet werden. Ebenfalls übergangen oder unterschlagen wird, wie strittig in vielen Kommunen die Antragstellung abgelaufen ist (z. B. in Heidelberg) oder wie sogar alternative, integrative Modelle des Schulangebotes (längeres gemeinsames Lernen) in einzelnen Gemeinden eine Mehrheit gefunden haben (z.B. in Ravensburg).

Ersichtlich wird an diesem Planungstand zur Einführung der „neuen Werkrealschule", dass das Schulangebot in Bereich der bisherigen Hauptschule – nun Haupt-/Werkrealschule genannt - auf etwa ein Drittel des bisherigen Bestandes zurückgeht. Wegen der vorgegeben Ausrichtung auf nur einen geringen Teil des Schülerpotentials und damit geringen Zugangszahlen auch in der Zukunft (zwischen 15% und 30% je nach Gemeinde) wird diese Werkrealschule auf die größeren Gemeinden in der Regel beschränkt bleiben. Es sind fast durchweg ausgerechnet jene Gemeinden mit 16.000 und mehr Einwohnern, die bereits über ein breiteres Angebot in der Sekundarstufe verfügen (auch mit Realschule und Gymnasium).

Die befürchtete Verödung der Schulkultur in weiten Bereichen der eher ländlichen und kleinstädtischen Regionen (Gemeinden zwischen 4.000 bis zu 15.000 Einwohnern) wird bei solcher Schulentwicklung im Rahmen einer Fortschreibung der dreigliedrigen Sekundarstufe billigend in Kauf genommen und keine Alternative dagegen zugestanden oder erwogen. Für alle diese Gemeinden stehen aber sehr wohl mit der Verbundschule oder Sekundarschule alternative Modelle zur Verfügung, die sich in vielen Bundesländern bewährt haben und von großen Teilen der Elternschaft akzeptiert werden. Zumeist erreichen sie dort, wo sie angeboten werden, überproportionale Anmeldezahlen.

2.4.3 Große Mehrheit der Hauptschulen bereits unter der Einzügigkeit

Um das zukünftige Schicksal der Hauptschulen im Lande angemessen einschätzen zu können, ist deren aktuelle Situation hinsichtlich ihrer Zügigkeit heranzuziehen. Die Größe der Hauptschulen wird in drei Stufen eingeteilt:

1. höchstens einzügig, wobei Schulen mit Jahrgängen unter der Einzügigkeit mitgezählt werden, obwohl sie für die Schulentwicklungsplanung besser getrennt ausgewiesen würden;
2. zweizügig, d.h. mindestens 31 bzw. 36 Schüler/innen in der Klassenstufe;
3. in seltenen Fällen dreizügig mit 60 und mehr Schüler/innen im Jahrgang.

Die Daten zur Zügigkeit der 1.176 Hauptschulen im Land stammen aus dem Kultusministerium selbst (Stand 2008/09), sind demnach als offiziell einzustufen; die jeweiligen Anteile der ein-, zwei- und dreizügigen Hauptschulen pro Kreis wurden dann eigens berechnet, um den Vergleich zwischen den Kreisen zu erleichtern und zu veranschaulichen (vgl. Tabelle 6, S. 32).

Im Schuljahr 2008/09 bleiben 782 Hauptschulen im Land unter der Zweizügigkeit; sie entsprechen einem Anteil von 65% aller Hauptschulen. Als Werkrealschule kommen sie nur in Ausnahmefällen in Frage. Ob eine Kooperation zu einer Bewilligung führen kann, dies muss überwiegend bezweifelt werden (nur im Einzelfall): die Zahl von 95 einzügigen Hauptschulen unter den bisherigen Beantragungen zur Werkrealschule belegt, dass eine solche Kooperation nur selten zu realisieren sein dürfte (ungünstige regionale Verteilung, erschwerte und strittige Zuordnung, Organisationsprobleme).

Der Aufweis von 354 zweizügigen und 40 dreizügigen Hauptschulen lässt ebenfalls deutlich erkennen, dass für die zukünftige Werkrealschule kaum mehr als ein Drittel der gegenwärtigen Hauptschulen in Frage kommt. Da sich in den nächsten Jahren absehbar die Stärke der Altersjahrgänge für die Sekundarstufe etwas weiter abschwächen wird, muss diese Größenordnung als gewisse Überschätzung angesehen werden. Zahl und Anteil der zwei- und mehrzügigen Hauptschulen bzw. Werkrealschulen kann noch weiter abfallen, wenn der Anteil im Übergang weiter zurückgeht. Alle Signale aus der Bevölkerung hinsichtlich Schulwahl und Bildungsinteresse sprechen dafür, dass die neue Werkrealschule den Trend zur Realschule und zum Gymnasium nicht aufhalten kann. Unter diesen Vorzeichen ist es nicht unrealistisch, davon auszugehen, dass langfristig nur etwa 300 bis 400 Werkrealschulen landesweit bestehen können, und zwar an jenen Orten, in denen es bereits Realschule und Gymnasium gibt.

Bei der Betrachtung nach Kreisen fällt die enorme Spannweite in Zahl und Anteil der einzügigen Hauptschulen auf. Weitaus am meisten einzügige Hauptschulen sind im Ortenaukreis zu finden, nämlich 57; in vier weiteren Kreisen gibt es 30 und mehr bestenfalls einzügige Hauptschulen, und zwar im LK Esslingen, im Ostalbkreis, im LK Karlsruhe und im LK Rhein-Neckar. Auf der anderen Seite sind in sechs Stadtkreisen nicht mehr als zwei bis sechs Hauptschulen nur einzügig oder noch kleiner: in Heilbronn, Baden-Baden, Heidelberg, Mannheim, Freiburg und Ulm.

Tabelle 6: Hauptschulen nach Zügigkeit in den Kreisen in Baden-Württemberg: absolut und anteilig in Prozent (2008/09)

Kreis		Insgesamt	1-züg.	2-züg.	3-züg.+	Anteil max. 1z.	Anteil 2z.	Anteil 3z.+
01	S Stuttgart	35	15	17	3	43%	49%	9%
02	L Böblingen	33	22	10	1	67%	30%	3%
03	L Esslingen	49	30	19	0	61%	39%	0%
04	L Göppingen	28	12	15	1	43%	54%	4%
05	L Ludwigsburg	42	22	17	3	52%	40%	7%
06	L Rems-Murr	35	20	10	5	57%	29%	14%
07	S Heilbronn	11	2	9	0	18%	82%	0%
08	L Heilbronn	29	13	11	5	45%	38%	17%
09	L Hohenlohe	13	10	2	1	77%	15%	8%
10	L Schwäbisch-Hall	27	19	7	1	70%	26%	4%
11	L Main-Tauber	21	17	4	0	81%	19%	0%
12	L Heidenheim	17	11	5	1	65%	29%	6%
13	L Ostalbkreis	42	32	9	1	76%	21%	2%
14	S Baden-Baden	6	5	0	0	83%	0%	0%
15	S Karlsruhe	26	23	3	0	88%	12%	0%
16	L Karlsruhe	52	35	17	0	67%	33%	0%
17	L Rastatt	28	21	7	0	75%	25%	0%
18	S Heidelberg	8	3	3	0	38%	38%	0%
19	S Mannheim	21	4	16	1	19%	76%	5%
20	L Neckar-Odenwald	23	17	6	0	74%	26%	0%
21	L Rhein-Neckar	51	33	16	1	65%	31%	2%
22	S Pforzheim	13	9	3	1	69%	23%	8%
23	L Calw	19	13	6	0	68%	32%	0%
24	L Enzkreis	23	19	4	0	83%	17%	0%
25	L Freudenstadt	18	14	2	1	78%	11%	6%
26	S Freiburg	10	5	5	0	50%	50%	0%
27	L Breisgau-Hoch.	34	27	7	0	79%	21%	0%
28	L Emmendingen	23	18	5	0	78%	22%	0%
29	L Ortenau	70	57	12	1	81%	17%	1%
30	L Rottweil	24	21	3	0	88%	13%	0%
31	L Schwarzwald-Baar	26	17	6	3	65%	23%	12%
32	L Tuttlingen	18	12	4	2	67%	22%	11%
33	L Konstanz	35	23	11	0	66%	31%	0%
34	L Lörrach	27	17	6	3	63%	22%	11%
35	L Waldshut	30	19	9	0	63%	30%	0%
36	L Reutlingen	34	25	9	0	74%	26%	0%
37	L Tübingen	24	18	4	1	75%	17%	4%
38	L Zollernalb	28	15	10	1	54%	36%	4%
39	S Ulm	10	6	4	0	60%	40%	0%
40	L Alb-Donau	27	16	11	0	59%	41%	0%
41	L Biberach	28	21	5	1	75%	18%	4%
42	L Bodensee	20	12	4	2	60%	20%	10%
43	L Ravensburg	42	22	16	0	52%	38%	0%
44	L Sigmaringen	17	10	5	0	59%	29%	0%
	Land insgesamt	**1.176**	**782**	**354**	**40**	**65%**	**30%**	**3%**

Quelle: Mitteilung Kultusministeriums vom 17.12.2009 und eigene Berechnungen

Neben der absoluten Menge an problematischen Hauptschulen hinsichtlich Größe und Tragfähigkeit ist ihr Anteil an den Hauptschulen ebenso von Interesse. Auch dabei gibt es eine gewisse Verteilung um den Landeswert von 65% einzügiger Hauptschulen (vgl. Tabelle 6, S. 32).

- In nur sechs Kreisen stellen die einzügigen Hauptschulen nicht die Mehrheit unter den vorhandenen Hauptschulen: so in den vier Stadtkreisen Stuttgart Heilbronn, Heidelberg und Mannheim sowie in den beiden Landkreisen Göppingen und Heilbronn.
- In allen anderen 38 Kreisen des Landes ist die Mehrheit der Hauptschulen schon gegenwärtig nicht mehr zweizügig, oft nicht einmal einzügig.
- In sechs Kreisen sind vier Fünftel aller Hauptschulen unter die Zweizügigkeit gefallen – und kommen damit in der Regel nicht für eine Werkrealschule in Frage: in den SK Baden-Baden und Karlsruhe sowie in den LK Main-Tauber, Enz, Ortenau und Rottweil.
- In weiteren 20 Kreisen sind es knapp zwei Drittel bis gut drei Fünftel aller Hauptschulen, die unter zwei Zügen bleiben (65% bis 79%).

Bilanzierend ist festzuhalten, dass in 26 Kreisen zwei Drittel und mehr der Hauptschulen unter der Zweizügigkeit liegen. Im Umkehrschluss heißt dies, dass in einer Reihe von Kreisen nur wenige Hauptschulen eine tragfähige Basis für die Werkrealschule aufweisen, sei es absolut oder relativ betrachtet. Wird die Vorgabe der Zweizügigkeit ernst genommen, dann werden zukünftig sechs Kreise höchsten drei Werkrealschulen führen, weitere zwanzig Kreise höchstens vier bis sechs Werkrealschulen haben. Dabei ist ein möglicher weiterer Rückgang im Schulbesuch dieses neuen und für viele unklaren wie unsicheren Angebotes nicht einmal berücksichtigt. Bereits diese Aufstellung nach der Zügigkeit der Hauptschulen belegt, dass die Hauptschule wie die Werkrealschule nur gänzlich unzureichend eine angemessene Schulversorgung in den Kreisen und deren Gemeinden sichern kann.

Wird das Programm zur Schulentwicklung mittels Werkrealschule und Hauptschule im dreigliedrigen Schulwesen der Sekundarstufe weiter geführt, dann ist in der Tat in nahezu allen Kreisen in den nächsten Jahren von einem erheblichen „Hauptschulsterben“ auszugehen, wie es nun auch von der Landesregierung eingeräumt und hingenommen wird. Um so mehr liegt es an den Kommunen, alternative Schulmodelle für die Sekundarstufe zu prüfen und in ihre Planung einzubeziehen, um möglichst auch in den kleineren und mittleren Gemeinden Schulen der Sekundarstufe vorzuhalten und die Schulkultur am Ort zu bewahren.

2.4.4 Gemeindeverteilung der Zügigkeit von Hauptschulen

Für die Bearbeitung des Schulangebotes in den Gemeinden ist die Auskunft darüber wichtig, ob sie nur eine oder mehrere Hauptschule(n) haben und welche Zügigkeit diese Hauptschulen aufweisen. Bedeutungsvoll ist dabei vor allem die Situation in den Gemeinden mit nur einer Hauptschule.

Von den 1.109 Gemeinden im Land haben insgesamt 773 Gemeinden eine Hauptschule; unter ihnen sind 637 Gemeinden mit nur einer Hauptschule. Ihre Zügigkeit ist oft problematisch, weil sie keine zwei Züge erreichen: Dies gilt für 504 Gemeinden und ihre Hauptschule, darunter halten 2008/09 sogar 70 in der Klasse 5 keinen Zug mehr vor (wegen klassenübergreifenden Unterrichts, Teilauslagerung oder Auslaufen). Das entspricht einem Anteil von 79% der Gemeinden mit einer Hauptschule, insofern sind bereits gegenwärtig vier von fünf dieser Hauptschulen in starkem Maße von Auflösung bedroht (vgl. Tabelle 7, S. 34).

Bei den Gemeinden mit mehreren Hauptschulen ist jeweils die Menge der Hauptschulen für die einzelnen Zügigkeiten angeführt. Auch in ihnen liegt durchweg mehr als die Hälfte unterhalb des Kriteriums von zwei Zügen. Demnach wird in den Gemeinden mit 2 Hauptschulen durchweg wohl eine aufgelöst, aber das Hauptschulangebot als Werkrealschule gehalten werden können (62 Gemeinden). Schließungen von Hauptschulen sind auch in den 74 Gemeinden mit drei und mehr Hauptschulen zu erwarten, allerdings dürfte in diesen Orten zumindest eine Hauptschule bzw. Werkrealschule weiterhin bestehen.

Tabelle 7:
Hauptschulen nach Zügigkeit in den Gemeinden Baden-Württembergs 2008/09

	Anzahl Hauptschulen (HS) in Gemeinden mit...					
Zügigkeit (Klasse 5)	1 HS (637 Gem.)	2 HS (62 Gem.)	3 HS (28 Gem.)	4 HS (18 Gem.)	5 u. m. HS (28 Gem.)	Insgesamt
kein Zug	70	13	6	8	26	123
1 Zug	434	71	43	39	137	724
2 Züge	118	32	27	18	81	276
3 Züge	12	8	8	6	14	48
4 Züge	3	0	0	1	1	5
Insgesamt	637	124	84	72	259	1.176

Quelle: Statistisches Landesamt und eigene Berechnungen

3 Schülerzahlen und Versorgungsleistung

Welche Versorgungsleistung die einzelnen Schulformen und Schulen erbringen, das bemisst sich primär an ihren Schülerzahlen. Die Schülerzahl ist zum einen abhängig von der demographischen Entwicklung und dem Wanderungssaldo, genauer von den Geburten und den Jahrgangsstärken; zum anderen wird sie bestimmt durch die Schulwahl und Zugänge, d.h. ihre Attraktivität für Eltern, aber auch ihre Erreichbarkeit, ihr Angebotsprofil und ihr Anforderungsniveau. Ob die Versorgungsleistung hauptsächlich kommunal ausgerichtet ist oder über die kommunalen Grenzen hinausreicht, wäre an den Zahlen der „Ausbildungspendler“ abzulesen, über die allerdings keine allgemeinen, öffentlichen Zahlen für das Land verfügbar sind.

3.1 Veränderung der Schülerzahlen nach Schulformen

Die Schülerzahlen verraten die Versorgungsleistung der Schulen (im Sinne der Nachfrage) und auch etwas über ihre Tragfähigkeit. Besonders aufschlussreich ist die Entwicklung der Schülerzahlen über den längeren Zeitraum seit 1975 sowie den kürzeren Zeitraum seit 2000, und zwar für die Eingangsklasse der Grundschulen (1. Klasse) wie für die Eingangsklassen der Schularten in der Sekundarstufe I: Hauptschule, Realschule und Gymnasium, d.h. jeweils die 5. Klasse (vgl. Tabelle 8, S. 36).

Die Phase eines starken Schüler-Rückgangs in der Grundschule lag zwischen 1975 und 1985, als nahezu 60.000 Erstklässler weniger an die Grundschulen kamen (vgl. Tabelle 8). Die Zahl der Schüler/innen in der Eingangsklasse der Hauptschule ist 2008 (letzter Ausweis) mit 28.010 so niedrig wie nie zuvor: Hier kommen die demographische Entwicklung und die Abwendung von der Hauptschule zusammen.

Zieht man die Daten für die Übergänge aus den öffentlichen und privaten Grundschulen 2008/09 heran, ist die Zahl für die Hauptschulen noch ungünstiger: auf sie wechseln nur noch 27.427 Schülerinnen landesweit (RS 37.132; GY sogar 43.338).

Tabelle 8: Schülerzahlen in den Eingangsklassen der öffentlichen Grundschulen, Hauptschulen, Realschulen und Gymnasien in Baden-Württemberg (1975 – 2008)

Jahr	Grundschulen (1. Klasse)	Hauptschulen (5. Klasse)	Realschulen (5. Klasse)	Gymnasien (5. Klasse)
1975	144.695	77.600	37.473	40.976
1980	96.812	53.222	36.670	36.465
1985	85.907	36.370	26.060	24.023
1990	**100.836**	**36.815**	**27.423**	**27.994**
1995	119.972	40.762	31.348	29.864
2000	**112.530**	**41.890**	**36.240**	**36.513**
2001	108.679	42.242	37.583	38.187
2002	110.798	40.395	36.472	37.379
2003	115.392	37.947	36.195	37.354
2004	111.524	34.857	35.658	36.688
2005	109.581	31.968	33.832	37.045
2006	106.747	30.832	35.328	37.627
2007	102.342	30.610	36.633	41.099
2008	**95.157**	**28.010**	**36.732**	**39.437**

Quelle: Statistisches Landesamt Baden-Württemberg

3.1.1 Rückgang der Schülerzahl an Hauptschulen seit 2001 um ein Drittel

An der Entwicklung lässt sich ablesen, dass zwischen 1995 und 2002 die Hauptschulen noch einen recht stabilen Zugang aufwiesen, der nur wenig zwischen 40.762 (1995) und 42.242 (2001) schwankte. Mit 2003 setzt eine stärkere Abnahme im Zugang an die Hauptschulen ein, mit fast alljährlich landesweit nahezu 3.000 Schüler/innen weniger. Für 2006 und 2007 ist dann eine gewisse Stagnation bei etwas mehr als 30.000 in der Eingangsklasse eingetreten, die allerdings nicht andauerte, denn 2008 ist erstmals die Marke von 30.000 Schüler/innen an den Hauptschulen unterschritten. Gegenüber den 80er Jahren haben sich die Besucherzahlen der Hauptschule halbiert. Seit 2001 ist an den Hauptschulen ein Rückgang um 14.000 Schüler/innen innerhalb von sieben Jahren zu verzeichnen, was einer Verringerung um ein Drittel in solch kurzem Zeitraum entspricht.

Es liegt auf der Hand, dass ein solcher Rückgang in der Nachfrage die Schulform Hauptschule in Frage stellt und angesichts des deutlichen Unterschreitens der Marke von 30.000 Schüler/innen im Zugang nach alternativen Schulangeboten verlangt, die den Interessen und Zielen von Eltern und Schüler/innen besser gerecht werden. In diesem Zusammenhang ist der Verweis aufschlussreich, dass erst mit dem Unterschreiten von 30.000 Schüler/innen an die Hauptschulen die offizielle Schulpolitik des Landes Reaktionen zeigte. Allerdings erscheinen die Antworten auf die zunehmend prekäre Lage der Hauptschulen, nunmehr die Werkrealschule neuen Typs, als Strategie zur Sicherung des Schulangebotes unangemessen. Es ist zu erwarten, dass in dieser Hinsicht die Werkrealschule neuen Typs ein gleicher Fehlschlag wird wie die Werkrealschule alten Typs, weil sie unklar in Zugang und Ablauf ist und pädagogisch überladen konturiert ist (z. B. Kooperation mit beruflichen Fachschulen).

Wechsel der Schüler-Majorität von der Hauptschule zum Gymnasium

Aus dem Verhältnis der Besucherzahlen für die drei Schulformen der Sekundarstufe lässt sich auch die jeweilige Leistung für die Schulversorgung erkennen – dies zudem ein Maß für die Akzeptanz der Schulformen in Elternschaft und bei den Schüler/innen (vgl. Tabelle 8, S. 17).

Noch 2001 und 2002 hatten die Hauptschulen proportional den größten Anteil unter den Schüler/innen in Klassenstufe 5 der Sekundarstufe. Sie wurde von über 40.000 Schülerinnen besucht, mit einem beachtlichen Vorsprung vor Realschule und Gymnasium, die nahezu gleich auf lagen (bei jeweils 36.000 bis 37.000 Schüler/innen in der Eingangsklasse). Die zahlenmäßig gewisse Dominanz der Hauptschule unter den Schulen der Sekundarstufe ist demnach noch nicht so lange her.

Schon 2003 hatte sich das Verhältnis aber gewandelt: Nun waren alle drei Schulformen mit jeweils etwa einem Drittel in den Eingangsklassen vertreten. Seitdem hat die Hauptschule fast Jahr für Jahr beim Zugang Schüler/innen deutlich verloren, während das Gymnasium einen steten Zugang verzeichnet. Nun nimmt das Gymnasium die meisten Schüler/innen auf und hat den jährlichen Zugang bei etwa 40.000 Schüler/innen oder etwas mehr stabilisiert. Gefolgt wird das Gymnasium von der Realschule, die gut 36.000 Schüler/innen (mit steigender Tendenz) gewinnt - und erst mit einem erheblichen Abstand kommt die Hauptschule mit der weitaus geringsten Besucherzahl. An diesen Verschiebungen ist eindrücklich abzulesen, wie sich das Qualifikationsinteresse in der Bevölkerung, aber auch bei den Arbeitgebern, gewandelt und von der Hauptschule und deren Abschluss abgewandt hat.

3.1.2 Folgen für die Schulgröße in der Sekundarstufe

Nach diesem Überblick zur landesweiten Entwicklung ist es angebracht, sich der Schülerzahlen an den Schulen in den Gemeinden zu vergewissern. Dies geschieht anhand der Schülerzahlen in Klasse 5 bei Hauptschulen, Realschulen und Gymnasien (vgl. Tabelle 9, S. 38).

Für die **Hauptschulen** wird ersichtlich, dass 333 von ihnen in der Eingangsklasse bereits 2008/09 nicht mehr die Einzügigkeit erreichen. Mit einer Schülerzahl unter 16 Schüler/innen bleiben sie unter dem Kriterium zur Klassenbildung (ab 17 Schüler/innen). Diese sehr kleinen Hauptschulen haben bereits einen Anteil von 28,3% der Hauptschulen erreicht. Sie alle sind zukünftig in besonderem Maße in Frage gestellt und von Auflösung bedroht (wenn nicht bereits für 2009/10 oder 2011/12 mit Einrichtung der Werkrealschulen vollzogen).

Weitere 534 Hauptschulen sind von der Schülerzahl her nur einzügig zu führen, und zwar entweder knapp (398 HS) oder gut einzügig (136 HS). Am ehesten können sie auf eine Weiterführung im kooperativen Verbund hoffen, wenn sie gut einzügig sind: Dies ist jedoch der kleinere Teil dieser Hauptschulen. Diese Größenordnungen verweisen darauf, dass die Möglichkeiten zur Kooperation von Hauptschulen zur Werkrealschule nicht überschätzt werden dürfen.

Werden jene Hauptschulen zusammen genommen, deren Schülerzahl aktuell schon nicht mehr für die Zweizügigkeit ausreicht (obwohl in manchen Kommunen noch 30% und mehr die Hauptschule besuchen), dann ergibt sich die Zahl von 867 Hauptschulen, womit 73,7% dieses Kriterium für Tragfähigkeit, Ausbau und Qualitätsstandard (gemäß den Vorgaben der Landesregierung) nicht oder zumindest nur erschwert (d.h. beeinträchtigt) erfüllen können. Es verbleibt nicht mehr als ein Viertel der Hauptschulen, die zumindest zweizügig geführt werden können: insgesamt 309 Hauptschulen im Land.

Tabelle 9: Schülerzahl in Klasse 5 der öffentlichen Hauptschulen, Realschulen und Gymnasien in Baden-Württemberg (2008/09)

Anzahl Schüler	Hauptschulen			Realschulen			Gymnasien		
		kumuliert			kumuliert			kumuliert	
	Anzahl	Anzahl	in %	Anzahl	Anzahl	in %	Anzahl	Anzahl	in %
bis 15	333	333	28,3	0	0	0,0	0	0	0,0
16 – 25	398	731	62,2	3	3	0,7	2	2	0,5
26 – 30	136	867	73,7	5	8	1,8	0	2	0,5
31 – 35	61	928	78,9	4	12	2,8	2	4	1,0
36 – 60	226	1.154	98,1	78	90	21,0	19	23	6,1
61 – 90	20	1.174	99,8	159	249	58,3	94	117	31,0
91 – 120	2	1.176	100,0	116	365	85,4	137	254	67,3
121 u. mehr	0	1.176	100,0	60	425	100,0	116	370	100,0
Insgesamt	**1.176**	**1.176**	**100,0**	**425**	**425**	**100,0**	**370**	**370**	**100,0**

Quelle: Statistisches Landesamt Baden-Württemberg und eigene Berechnungen

Gänzlich anders ist die Situation bei den Realschulen und den Gymnasien. Es gibt jeweils nur sehr wenige kleine Schulen dieser Art: Unter den Realschulen sind es 8, unter den Gymnasien gar nur 2 Schulen. Die meisten Realschulen und Gymnasien weisen drei und mehr Züge auf, bei einer Zahl von über 60 Zugängen in der Eingangsklasse (Klasse 5).

Da unter den 425 **Realschulen** 116 das Potential für vier Züge haben (91 – 120 Schüler/innen), weitere 60 sogar fünf und mehr Züge führen, können 42% dieser Schulart als zu groß bezeichnet werden. Von daher ist es nahe liegend, das Angebot an realschulischen Bildungsgängen zu erweitern, entweder in einer neuen Realschule oder oftmals tragfähiger in einer Verbundschule (unter Einbezug des hauptschulisch-werkrealschulischen Bildungsganges) oder in der Sekundarschule mit allen Bildungsgängen und Abschlussmöglichkeiten.

Unter den 370 öffentlichen **Gymnasien** haben fast alle eine Schülerzahl für drei und mehr Züge (94%). Gut zwei Drittel weisen sogar vier und mehr Züge auf. Für 116 Gymnasien liegt die Besucherzahl in der Eingangsklasse über 120

Schüler/innen, womit zumindest fünf Züge zu bilden sind: Das entspricht 32,7% aller Gymnasien. Der hohe Anteil sehr großer Schulen spricht einerseits für deren Attraktivität, andererseits für ein bemerkenswertes Defizit beim Ausbau dieses wichtigen Bildungsganges bis zur Hochschulreife. In dieser Zurückhaltung beim Ausbau gymnasialer Bildungsgänge, trotz der erheblichen Nachfrage und der gesellschaftlichen wie ökonomischen Wichtigkeit, ist eine wesentliche Ursache für den Mangel an Bildungsaufsteigern und Defiziten beim Hochschulbesuch auszumachen.

3.2 Besucherzahlen der Schulen in den Gemeinden

Für eine kommunal ausgerichtete Schulentwicklungsplanung sind die Besucherzahlen für die drei Schulformen in der Sekundarstufe für die Gemeinden aufzuzeigen. Damit wird das jeweilige kommunale Potential für die einzelnen Schulen ersichtlich. Dafür muss auf die Übergänge zurückgegriffen werden; sie werden allerdings nicht für Gemeinden ohne Grundschule ausgewiesen. Daher gibt es jeweils eine Zahl für „keine Übergänge", die je nach Schulform geringfügig variiert, weil auch tatsächlich ausbleibende Übergänge einbezogen sind: bei der Hauptschule 93, Realschule 85 und Gymnasium 86 Gemeinden (vgl. Tabellen 10a – c, S. 40 f.).

Nach diesen Daten haben die Hauptschulen in etwas mehr als der Hälfte aller Gemeinden nicht mehr einen Zugang, der zur Klassenbildung reicht: 589 Gemeinden (53,1%). In weiteren 310 Gemeinden reicht der Zugang nicht zur Zweizügigkeit. Insgesamt haben 899 Gemeinden oder 81,1% kumuliert eine Hauptschule unterhalb der Zweizügigkeit. Angesichts der anhaltenden Abwendung vom Hauptschulbesuch dürften auch jene noch knapp zweizügigen Hauptschulen (31 – 35 Schüler/innen im Zugang) zukünftig eher zu den kleinen Hauptschulen mit nur einem Zug zählen: Dann erhöht sich der Anteil auf 84,9%.

Nur 168 Gemeinden können mit einem eigenen Potential von 36 und mehr Schüler/innen für die Hauptschule im Jahrgang rechnen; das sind 15% aller Gemeinden. Anhand der Zugangszahlen zur Hauptschule wird die prekäre Situation in der ganz überwiegenden Zahl der Gemeinden noch deutlicher als wenn die Zügigkeit der Hauptschulen zugrunde gelegt wird. Nach Maßgabe der Zügigkeit ist die Situation des Hauptschulangebotes für zwei Drittel bis drei Viertel der Gemeinden hoch problematisch, da sie nur einzügig oder noch kleiner sind. Nach Maßgabe der Zugangszahlen ist die Hauptschule vor Ort für vier Fünftel und mehr der Gemeinden in hohem Ausmaß problematisch geworden.

Die gestiegene Präferenz für Realschule und Gymnasium wird bei den Zugangszahlen aus den Gemeinden deutlich. Es sind mehr Gemeinden, die für die Realschule (356 Gemeinden) oder das Gymnasium (339 Gemeinden) im Ort das Potential für diese Schulformen aufbringen als für eine Hauptschule (310 Gemeinden). Diese Verhältnisse auf der kommunalen Ebene sprechen dafür, im Bereich der realschulischen und gymnasialen Bildungsgänge das Angebot zu verbreiten. Freilich bleibt zu prüfen, ob diese Erweiterung im Rahmen der dreigliedrigen Sekundarstufe leistungsfähiger erreicht werden kann als über alternative Schulmodelle der Verbundschule (teilintegriert) oder der Sekundarschule (vollintegriert).

Tabelle 10a: Schülerzahl in der Eingangsklasse der Hauptschulen (Übergänge), nach Gemeinden in Baden-Württemberg (2008/09)

Übergänge auf HS	Gemeinden	Prozent	Prozent kumuliert
keine (0)	93	8,4	8,4
1 - 10	328	29,6	38,0
11 – 15	168	15,1	**53,1**
16 – 25	257	23,2	76,3
26 – 30	53	4,8	81,1
31 - 35	42	3,8	**84,9**
36 – 45	47	4,2	89,1
46 – 60	36	3,2	92,3
61 – nn	85	7,7	100,0

Tabelle 10b: Schülerzahl in der Eingangsklasse der Realschulen (Übergänge), nach Gemeinden in Baden-Württemberg (2008/09)

Übergänge auf RS	Gemeinden	Prozent	Prozent kumuliert
keine (0)	85	7,7	7,7
1 - 10	177	16,0	23,6
11 – 15	170	15,3	39,0
16 – 25	240	21,6	60,6
26 – 30	78	7,0	67,6
31 - 35	61	5,5	73,1
36 – 45	95	8,6	81,7
46 – 60	74	6,7	88,4
61 – nn	129	11,6	100,0

Tabelle 10c: Schülerzahl in der Eingangsklasse der Gymnasien (Übergänge), nach Gemeinden in Baden-Württemberg (2008/09)

Übergänge auf GY	Gemeinden	Prozent	Prozent kumuliert
keine (0)	86	7,8	7,8
1 - 10	223	20,1	27,9
11 – 15	170	15,3	43,2
16 – 25	223	20,1	63,3
26 – 30	68	6,1	69,4
31 - 35	52	4,7	74,1
36 – 45	59	5,4	79,4
46 – 60	71	6,4	85,8
61 – nn	157	14,2	100,0

Quelle: Statistisches Landesamt Baden-Württemberg und eigene Berechnungen

3.3 Ausländische Schüler/innen und Schulbesuch

Für den Schulalltag wie für die Schulentwicklung sind die ausländischen Schüler/innen eine eigene Herausforderung. Dabei ist zu berücksichtigen, dass nicht nur ihre Nationalität und Kultur sehr verschieden ist, sondern auch ihre Schulwahl sich stark unterscheidet. Daher ist in diesem Feld mit Verallgemeinerungen besonders vorsichtig umzugehen.

Trotz dieser Vorbehalte sind für die kommunale und regionale Schulentwicklungsplanung die ausländischen Schüler/innen aus zwei Gründen zu beachten: Erstens ist in der Regel ihre Schulwahl gegenüber der deutschen Bevölkerung zurückhaltender, d.h. sie besuchen öfters die Hauptschule. Zweitens nähert sich ihr Bildungsverhalten in der zweiten, erst recht in der dritten Generation dem der deutschen Bevölkerung an. Deshalb ist zu folgern, dass in Kreisen und Gemeinden mit einer hohen Zahl ausländischer Schüler/innen der Besuch der Hauptschule noch relativ hoch ist, aber dafür zukünftig überproportional abfallen dürfte.

3.3.1 Starker Rückgang der ausländischen Schülerschaft

Insgesamt ist in den letzten zehn Jahren die ausländische Schülerschaft in Baden-Württemberg stark zurückgegangen. Noch 2000 besuchten gut 150.000 ausländische Schüler/innen die allgemeinbildenden Schulen, 2008 sind es nur noch 126.251 Schüler/innen. Auffallend stark ist der Rückgang ausländischer Schüler/innen in der Grundschule: von fast 750.000 Schüler/innen vor knapp zehn Jahren auf deutlich unter 500.000 im Schuljahr 2008/09. Daran ist ablesbar, dass in nächster Zukunft das Potential an ausländischen Schüler/innen für die Sekundarschule insgesamt weiter stark abnehmen wird (vgl. Tabelle 11, S. 42).

Am stärksten wird der **Rückgang bei den Hauptschulen** sein, die bereits in den letzten fünf Jahren von fast 10.000 ausländischen Hauptschülern weniger besucht wurden. Ihr Anteil an der Schülerschaft in den allgemeinbildenden Schulen beläuft sich zwar noch auf 33,4%, aber es sind zahlenmäßig nur noch 42.162 aller Schüler/innen.

Die Zahl der ausländischen Schüler/innen hat sich besonders bei den **Realschulen erhöht**, wo mittlerweile 21.084 von ihnen zu finden sind. Dies bedeutet einen Zuwachs um über 5.000 Schüler/innen in den letzten zehn Jahren. Dadurch ist der Anteil an der Schülerschaft von 10,4% (1999) auf nunmehr 16,7% (2008) gestiegen. Seit 2004 hat sich der Zuwachs ausländischer Schüler/innen an den Realschulen beschleunigt, weshalb eine verstärkte Zuwanderung an diese Schulform für die nächste Zukunft zu erwarten ist.

Tabelle 11: Ausländische Schüler/innen in den öffentlichen Grundschulen, Hauptschulen, Realschulen und Gymnasien in Baden-Württemberg (1999 – 2008)*

		Grundschulen		Hauptschulen		Realschulen		Gymnasien	
Jahr	Insgesamt	Anzahl	%	Anzahl	%	Anzahl	%	Anzahl	%
1999	152085	74744	49,1	48953	32,2	15865	10,4	12523	8,2
2000	150322	72698	48,4	49054	32,6	16067	10,7	12503	8,3
2001	149798	69908	46,7	50622	33,8	16760	11,2	12508	8,3
2002	148825	66937	45,0	51800	34,8	17242	11,6	12846	8,6
2003	148011	64920	43,9	52116	35,2	17920	12,1	13055	8,8
2004	146167	62798	43,0	51260	35,1	18545	12,7	13564	9,3
2005	143913	61858	43,0	48950	34,0	19034	13,2	14071	9,8
2006	139086	58407	42,0	46504	33,4	19644	14,1	14531	10,4
2007	132172	52858	40,0	44400	33,6	20055	15,2	14859	11,2
2008	**126251**	**47726**	**37,8**	**42162**	**33,4**	**21084**	**16,7**	**15279**	**12,1**

Quelle: Statistisches Landesamt Baden-Württemberg, *Ohne private Schulen und Sonder-, Förderschulen etc.

Die **Gymnasien** verzeichnen ebenfalls eine Zunahme an ausländischen Schüler/innen, sie ist aber im Vergleich zu den Realschulen absolut wie im Anteil nur halb so stark ausgefallen. Zuletzt besuchen 15.279 ausländische Schüler/innen ein Gymnasium, was einem Anteil von 12,2% an der Schülerschaft insgesamt entspricht. Auch an den Gymnasien dürfte sich der Zugang ausländischer Schüler/innen zukünftig weiter verstärken, wobei er aber wohl nicht ganz so stark ausfallen dürfte wie bei den Realschulen.

3.3.2 Ausländische Schüler/innen und Schulbesuch in den Kreisen

Die Betrachtung des Schulbesuchs ausländischer Schüler/innen in den Kreisen erfolgt in drei Schritten: Zuerst wird ihr Zahl und ihr Anteil an der Schülerschaft insgesamt dargestellt, um die unterschiedliche Relevanz dieser Problematik nach Kreisen aufzuzeigen; zweitens wird jeweils ihr Anteil an der Schülerschaft der einzelnen Schularten in der Sekundarstufe angeführt, weil dadurch ihre unterschiedliche Präsenz erkennbar wird; drittens wird die Verteilung auf die Schularten der Sekundarstufe betrachtet, weil dadurch auf das nach Kreisen möglicherweise unterschiedliche Bildungsverhalten dieser Bevölkerungsgruppe und Schülerschaft verwiesen wird. Diese Daten über die ausländischen Schüler/innen nach den Kreisen beziehen sich auf das Schuljahr 2007/08 als letzter zugänglicher Stand (vgl. Tabelle 12 und 13, S. 44 und S. 46).

Die weitaus größte Zahl ausländischer Schüler/innen wird im SK Stuttgart mit 14.484 verzeichnet. Zwischen 5.000 und 10.000 ausländischen Schüler/innen haben fünf Kreise, die fast durchweg in Nordwürttemberg liegen: die Landkreise Böblingen, Esslingen, Ludwigsburg, Rems-Murr und Rhein-Neckar. Alle anderen Kreise haben durchweg deutlich weniger als 5.000 Schüler/innen, zumeist nur 1.000 bis 2.000 ausländischer Herkunft. In drei Kreisen liegt ihre Zahl sogar unter 1.000: in LK Hohenlohe, LK Main-Tauber, und SK Baden-Baden.

Bei den Anteilen an der Schülerschaft fällt die Verteilung hinsichtlich der Präsenz ausländischer Schüler/innen etwas anders aus: Eindeutig am höchsten ist der Anteil in Stuttgart mit 29,5%, gefolgt von SK Mannheim (25,8%) und SK Heilbronn (22,7). In allen anderen Kreisen liegt der Anteil ausländischer Schüler/innen deutlich unter 20%. In 19 Kreisen erreicht er nicht einmal einen Anteil von 10%; besonders gering ist er im LK Schwäbisch-Hall (5,6%), LK Biberach (5,0%) und im LK Main-Tauber (4,9%).

Bei den Anteilen ausländischer Schülerschaft an den Schulen fällt zuerst auf, dass die Anteile an den Grundschulen fast völlig mit denen an der Schülerschaft insgesamt übereinstimmen; die Abweichungen liegen durchweg im Bereich von plus oder minus ein Prozent. Insofern bestätigt sich, dass die ausländische Schülerschaft in der Grundschule weitgehend repräsentativ für die ausländische Schülerschaft insgesamt ist.

Von besonderem Interesse ist die Situation an den Hauptschulen, wo im Land 26,2% aus einem ausländischen Elternhaus stammen. An den Hauptschulen sind die Unterschiede in der Präsenz ausländischer Schüler/innen zwischen den Kreisen besonders groß. Am höchsten ist ihr Anteil in den Hauptschulen im SK Stuttgart, wo sie mit 56,9% die Mehrheit der Schüler/innen stellen. Hohe Anteile mit über 40 Prozent erreichen sie in sechs Kreisen: SK Heilbronn (47,4), SK Mannheim (45,8%), SK Pforzheim (42,8%) und SK Ulm (41,6%) sowie LK Böblingen (41,1%) und LK Ludwigsburg (40,3%).

Die meisten Kreise haben einen Ausländeranteil an ihren Hauptschulen zwischen 20% und 30%, also um den Landeswert angesiedelt. Aber einige Kreise weisen anteilsmäßig wenig ausländische Schüler/innen an ihren Hauptschulen auf, allerdings keine unter 10%: Es sind LK Biberach (10,1%), LK Hohenlohe (11,9%), LK Main-Tauber (11,8%) und LK Schwäbisch-Hall (11,8%).

In der Schülerschaft an Realschulen stellen die ausländischen Schüler/innen trotz allen Zuwachses in den letzten Jahren noch eine klare Minderheit: im Land bleibt ihr Anteil unter 10 Prozent und liegt 2007/08 bei 8,5%. Ihre Präsenz in der Schülerschaft dieser Schulform folgt nahe liegender Weise in großen Teilen der allgemeinen Zahl ausländischer Schüler/innen in den Kreisen: Je höher diese ist, desto mehr sind unter den Realschüler/innen zu finden. Es zeichnen sich aber auch Kreise ab, in denen der Anteil an den Realschulen überproportional ausfällt, wie in den Stadtkreisen Baden-Baden, Heidelberg und Karlsruhe oder in den Landkreisen Rottweil, Enzkreis und Konstanz. Dies kann an der Auslegung des Schulangebotes und an der sozialen Zusammensetzung der ausländischen Bevölkerung liegen, die in den angeführten Kreisen weniger industriell geprägt ist.

Tabelle 12:
Ausländische Schüler/innen, Anteile an den Schulformen in den Kreisen (2007/08)

Kreis		Schüler insg	Ausländer	Anteil insg.	Anteil an GS	Anteil an HS	Anteil an RS	Anteil an GY
01	S Stuttgart	49.113	14.484	29,5	31,2	56,9	31,1	13,6
02	L Böblingen	43.766	7.092	16,2	17,9	41,1	12,4	4,8
03	L Esslingen	57.469	8.509	14,8	14,9	36,9	10,9	5,3
04	L Göppingen	30.175	3.920	13,0	13,1	30,1	9,8	3,7
05	L Ludwigsburg	60.025	9.377	15,6	15,6	40,3	11,9	5,1
06	L Rems-Murr	48.253	6.609	13,7	14,2	32,4	9,7	4,8
07	S Heilbronn	14.656	3.323	22,7	27,3	47,4	19,6	7,1
08	L Heilbronn	39.323	4.620	11,7	11,3	27,8	7,7	3,6
09	L Hohenlohe	13.058	803	6,1	7,3	11,9	3,1	3,3
10	L Schwäbisch-Hall	23.136	1.342	5,8	5,6	11,8	3,0	3,1
11	L Main-Tauber	16.404	769	4,7	4,9	11,8	2,4	1,6
12	L Heidenheim	15.648	1.574	10,1	10,4	23,6	6,4	3,4
13	L Ostalbkreis	37.794	2.911	7,7	7,7	18,5	5,2	2,0
14	S Baden-Baden	4.700	535	11,4	12,2	26,0	13,0	4,9
15	S Karlsruhe	26.335	3.489	13,2	14,5	33,2	11,7	5,6
16	L Karlsruhe	48.924	4.510	9,2	9,2	23,0	5,5	3,1
17	L Rastatt	24.717	2.211	8,9	9,2	19,1	6,0	3,7
18	S Heidelberg	9.896	1.167	11,8	11,9	31,5	12,1	5,7
19	S Mannheim	27.171	7.019	25,8	27,3	45,8	22,4	11,9
20	L Neckar-Odenwald	17.682	1.117	6,3	7,0	13,5	3,3	1,5
21	L Rhein-Neckar	54.697	5.869	10,7	10,8	24,9	7,9	3,8
22	S Pforzheim	14.366	2.782	19,4	22,9	42,8	17,9	6,2
23	L Calw	19.211	1.985	10,3	11,1	22,5	6,7	3,1
24	L Enzkreis	21.028	2.231	10,6	10,1	26,7	7,1	2,6
25	L Freudenstadt	14.256	1.104	7,7	8,5	16,2	4,5	1,9
26	S Freiburg	18.883	2.752	14,6	13,5	39,2	11,4	9,8
27	L Breisgau-Hoch.	27.259	1.802	6,6	6,5	15,0	4,2	2,3
28	L Emmendingen	18.274	1.160	6,3	6,3	14,5	3,3	1,8
29	L Ortenau	47.358	3.266	6,9	6,8	13,7	4,2	2,5
30	L Rottweil	17.121	1.119	6,5	6,5	14,6	4,7	2,9
31	L Schwarzwald-Baar	23.263	2.477	10,6	11,2	19,9	6,6	4,1
32	L Tuttlingen	16.165	1.731	10,7	11,8	23,9	6,7	2,9
33	L Konstanz	28.780	3.094	10,8	11,2	23,1	8,4	3,9
34	L Lörrach	24.545	2.926	11,9	12,0	24,4	7,9	3,9
35	L Waldshut	19.264	2.055	10,7	10,6	20,4	6,2	3,2
36	L Reutlingen	31.469	3.639	11,6	11,8	28,5	8,4	3,7
37	L Tübingen	23.714	2.359	9,9	10,4	29,8	8,0	3,3
38	L Zollernalb	22.125	2.194	9,9	10,3	20,6	6,1	3,4
39	S Ulm	13.805	2.329	16,9	20,1	41,6	18,1	5,7
40	L Alb-Donau	21.380	2.010	9,4	8,4	21,0	5,1	2,5
41	L Biberach	23.329	1.141	4,9	5,0	10,1	2,8	1,7
42	L Bodensee	21.365	1.958	9,2	9,0	22,8	5,9	3,0
43	L Ravensburg	31.066	2.152	6,9	7,1	13,7	3,7	2,0
44	L Sigmaringen	16.121	1.128	7,0	6,7	14,7	4,2	2,5
	Land insgesamt	**1.177.089**	**140.644**	**11,9**	**12,3**	**26,2**	**8,5**	**4,6**

Quelle: Statistisches Landesamt und eigene Berechnungen.

Ein vertiefendes Bild vom Schulwahlverhalten der ausländischen Schülerschaft kann gewonnen werden, wenn ihre Verteilung über die drei Schulformen der Sekundarstufe nach Kreisen verglichen wird. Obwohl der Vergleich mit einer gewissen Unschärfe belastet ist, weil die Schulformen eine unterschiedliche Menge an Klassenstufen aufweisen (HS 5; RS 6; GY 12 – 13); ist der Kreisvergleich dennoch aussagekräftig, weil diese Bedingungen in allen gelten. Demnach kann daran einiges hinsichtlich des Bildungsverhaltens der ausländischen Schülerschaft in den Kreisen abgelesen werden.

Im Land sind in der Sekundarstufe an der Hauptschule 56.6% der ausländischen Schülerschaft vertreten, an der Realschule 25,4% und am Gymnasium 18,0%. Am geringsten ist die Spannweite über die Kreise bei den Realschulen: Dort liegt sie zwischen 19,2% (LK Neckar-Odenwald) und 28,9% (LK Göppingen) – eine Differenz von nicht einmal zehn Prozentpunkten. Viel größer ist die Spannweite bei den Hauptschulen, denn sie reicht von 37,0% (SK Freiburg) bis zu 71,0% (LK Alb-Donau). Bei den Gymnasien ist die Spannweite ebenfalls beträchtlich: mit 43,2% ist sie im SK Freiburg besonders hoch, mit 8,5% im LK Alb-Donau besonders gering (vgl. Tabelle 13, S. 46).

In nur wenigen Kreisen bleibt der proportionale Anteil ausländischer Schüler an den Hauptschulen unter 50 Prozent; es sind nur fünf Kreise wie SK Stuttgart (44,6%), SK Baden-Baden (49,4%), SK Heidelberg (39,8%), SK Freiburg (37,0%) und SK Ulm (47,4%). Es handelt sich durchweg um Stadtkreise, was dafür spricht, dass der Realschulbesuch ausländischer Schüler/innen nicht nur von ihrem sozialen Status, sondern vor allem auch von der räumlichen Nähe dieses Schulangebotes abhängt. In den meisten Kreisen liegt der Anteil ausländischer Schüler/innen an einer Hauptschule in der Sekundarstufe zwischen der Hälfte und unter zwei Drittel. Nur drei Kreise haben einen höheren Anteil, nämlich Emmendingen (66,4%), LK Neckar-Odenwald (68,6%) und LK Alb-Donau (71,0%).

Neben dem SK Freiburg (43,2%) sind die ausländischen Schüler/innen relativ häufig in einem Gymnasium in den beiden Stadtkreisen Heidelberg (34,7%) und Baden-Baden (30,2%). Dagegen sind sie selten an einem Gymnasium in drei Landkreisen vertreten: Alb-Donau-Kreis (8,5%), Enzkreis (8,7%) und Freudenstadt (9,8%). Auch diese Verteilungen sprechen dafür, dass die örtliche Nähe der Schulen für ihren Besuch mit entscheidend ist.

Tabelle 13: Verteilung ausländischer Schüler/innen auf die Schulen der Sekundarstufe in den Kreisen Baden-Württembergs (2007/08)

Kreis		Ausl. Schüler Sekundarstufe	Verteilung auf Schularten (in %)		
			HS	RS	GY
01	S Stuttgart	7.942	44,6	28,7	26,7
02	L Böblingen	3.764	55,2	28,1	16,7
03	L Esslingen	4.814	55,6	26,8	17,6
04	L Göppingen	2.256	58,6	28,9	12,4
05	L Ludwigsburg	5.379	56,7	27,5	15,7
06	L Rems-Murr	3.713	57,1	27,1	15,8
07	S Heilbronn	1.903	56,8	26,9	16,3
08	L Heilbronn	2.649	63,5	24,7	11,8
09	L Hohenlohe	420	55,0	23,1	21,9
10	L Schwäbisch-Hall	779	60,1	20,0	19,9
11	L Main-Tauber	444	63,1	21,4	15,5
12	L Heidenheim	930	62,3	22,7	15,1
13	L Ostalbkreis	1.588	62,3	25,4	12,3
14	S Baden-Baden	308	49,4	20,5	30,2
15	S Karlsruhe	1.943	50,4	22,4	27,2
16	L Karlsruhe	2.564	62,9	22,0	15,1
17	L Rastatt	1.229	56,6	26,9	16,5
18	S Heidelberg	590	39,8	25,4	34,7
19	S Mannheim	3.699	53,7	24,3	22,0
20	L Neckar-Odenwald	577	68,6	19,2	12,1
21	L Rhein-Neckar	3.142	57,2	24,9	17,9
22	S Pforzheim	1.595	53,5	27,7	18,8
23	L Calw	1.092	62,4	24,1	13,6
24	L Enzkreis	1.252	64,1	27,2	8,7
25	L Freudenstadt	570	64,9	25,3	9,8
26	S Freiburg	1.612	37,0	19,8	43,2
27	L Breisgau-Hochschwarzwald	941	59,1	24,5	16,4
28	L Emmendingen	601	66,4	22,0	11,6
29	L Ortenau	1.769	63,1	21,5	15,4
30	L Rottweil	675	56,7	24,0	19,3
31	L Schwarzwald-Baar	1.333	60,7	24,4	14,9
32	L Tuttlingen	949	63,3	25,0	11,7
33	L Konstanz	1.693	55,6	27,1	17,2
34	L Lörrach	1.611	63,4	22,2	14,5
35	L Waldshut	1.123	66,0	24,2	9,8
36	L Reutlingen	2.038	58,3	24,9	16,8
37	L Tübingen	1.289	54,6	24,4	21,0
38	L Zollernalb	1.266	63,7	22,2	14,1
39	S Ulm	1.311	47,4	28,8	23,8
40	L Alb-Donau	1.095	71,0	20,5	8,5
41	L Biberach	594	60,8	23,6	15,7
42	L Bodensee	1.101	61,7	23,2	15,2
43	L Ravensburg	1.121	65,4	22,3	12,3
44	L Sigmaringen	608	61,5	23,4	15,1
	Land insgesamt	**77.872**	**56,6**	**25,4**	**18,0**

Quelle: Statistisches Landesamt und eigene Berechnungen

3.4 Verteilung und Besuch der beruflichen Gymnasien

Die beruflichen Gymnasien stellen für die Schullandschaft eine Besonderheit des Landes Baden-Württemberg dar. Ihre Zahl hat sich in den letzten Jahren weiter erhöht und ist seit 1990/91 von damals 180 Schulen auf 206 bis 2008/09 angewachsen. Die beruflichen Gymnasien sind gymnasiale Oberstufen, ihre Zugangsklientel setzt sich vor allem aus Realschüler/innen und Werkrealschülern (Hauptschulabgängern) sowie Übergänge aus den allgemeinbildenden Gymnasien zusammen.

Die Zahl der beruflichen Gymnasien und ihrer Richtungen ist nicht einfach zu eruieren und zu bestimmen, weil sie in der öffentlichen Statistik und auch in den Schullisten nicht eindeutig geführt werden – vor allem ihre Zuordnung zu Richtungen oder Zweigen bleibt zuweilen unklar. Wegen ihrer Bedeutung für Schulangebot und Bildungsaufsteiger sollte aber ihre statistisch-planerische Behandlung mehr an Aufmerksamkeit und Korrektheit erfahren.

Die Übersichten und Darlegungen zu den beruflichen Fachgymnasien bleiben daher mit solchen Unsicherheiten behaftet; sie sind folglich auch als Aufforderung zu verstehen, ihre Schulverhältnisse besser zu erfassen und zu präsentieren; vor allem sie vermehrt in der allgemeinen Schulentwicklungsplanung zu berücksichtigen. Das gilt ähnlich für die beruflichen Fachschulen – vor allem im Hinblick auf Brücken zwischen allgemein bildendem und beruflichem Schulwesen sowie hinsichtlich der Kooperationen zwischen Haupt-/Werkrealschulen und beruflichen Fachschulen. Auch für die mögliche Einrichtung von Verbundschulen oder Sekundarschulen kann eine solche Kooperation für die Schülerschaft von Nutzen sein.

Gegenwärtig weisen die beruflichen Gymnasien, in dreijähriger Aufbauform, sechs Richtungen auf: Es überwiegen die technische Richtung (TG) mit mehrere Profilen und die wirtschaftliche Richtung (WG); außerdem werden die hauswirtschaftliche, agrarwissenschaftliche, die biotechnologische oder die ernährungswissenschaftliche Richtung (HAG) sowie die sozialpädagogische Richtung (SPG) angeboten (vgl. Tabelle 14, S. 49).

Die 175 öffentlichen beruflichen Gymnasien befinden sich, nach dem vorhandenen Schulverzeichnis, nur in 79 Gemeinden der 44 Kreise im Land, wobei drei Kreise kein berufliches Gymnasium aufweisen: der LK Heilbronn (alle beruflichen Gymnasien sind im SK Heilbronn), die Stadt Baden-Baden und der Enzkreis. Die wirtschaftliche Richtung wird an 79 Gymnasien und die technische Richtung an 68 Gymnasien angeboten, die ernährungs- oder agrarwissenschaftliche Richtung ist an 47 Gymnasien vertreten, eine sozialpädagogische Richtung ist mit 10 Angeboten selten. Die Aufsummierung auf 204 Richtungen verrät, dass manche der 175 beruflichen Gymnasien mehrere Richtungen anbieten.

Die Zunahme von 180 auf 206 berufliche Gymnasien insgesamt seit 1990 geht vor allem auf den Ausbau in privater Trägerschaft zurück. Denn es sind nur 2 weitere öffentliche berufliche Gymnasien entstanden, während nun insgesamt 32 private Träger verzeichnet sind. Es ist keine Ausbreitung dieser erfolgreichen Schulart in andere Gemeinden oder Kreise erfolgt, obwohl die Nachfrage stark gestiegen ist. Im Schuljahr 1990/91 wurden die beruflichen Gymnasien von 30.575 Schüler/innen besucht; seitdem ist ihre Zahl bis 2008/09 auf 46.695 gewachsen, eine Zunahme um 53%. Angesichts solcher Nachfragesteigerung ist es durchaus angebracht, in der Schulentwicklungsplanung den Aufbau von gymnasialen Oberstufen „in dreijähriger Aufbauform“ verstärkt in Erwägung zu ziehen und zu realisieren. Dies wäre bei Einrichtung von Verbundschulen wie von Sekundarschulen, vor allem in der zweizügigen Ausgestaltung, dringlich in Betracht zu ziehen.

Tabelle 14: Öffentliche berufliche Gymnasien in den Kreisen Baden-Württembergs: Zahl, Typen und Schülerzahl nach Kreisen (2008/09)

Kreis		Gemein-den	Schulen	WG	TGG	HAG	SPG	Schüler insges.
01	S Stuttgart	1	8	5	4	1	0	1.763
02	L Böblingen	3	4	2	2	2	0	1.466
03	L Esslingen	3	7	3	3	2	0	1.764
04	L Göppingen	2	4	2	1	1	0	978
05	L Ludwigsburg	2	4	2	1	1	0	1.351
06	L Rems-Murr	3	7	3	3	1	0	1.603
07	S Heilbronn	1	4	3	1	0	0	1.406
08	L Heilbronn	0	0	0	0	0	0	0
09	L Hohenlohe	1	3	1	1	1	0	881
10	L Schwäbisch-Hall	2	5	2	2	1	0	1.018
11	L Main-Tauber	3	5	3	3	1	0	1.065
12	L Heidenheim	1	3	1	1	1	0	505
13	L Ostalbkreis	3	7	3	3	3	0	1.896
14	S Baden-Baden	0	0	0	0	0	0	0
15	S Karlsruhe	1	3	1	1	1	1	1.027
16	L Karlsruhe	3	7	3	3	2	0	2.099
17	L Rastatt	2	5	2	2	1	0	1.203
18	S Heidelberg	1	3	1	1	1	0	821
19	S Mannheim	1	3	1	1	1	0	1.003
20	L Neckar-Odenwald	3	5	2	2	1	0	979
21	L Rhein-Neckar	4	6	4	2	0	0	1.778
22	S Pforzheim	1	3	1	1	1	1	1.511
23	L Calw	2	3	1	2	1	0	661
24	L Enzkreis	0	0	0	0	0	0	0
25	L Freudenstadt	1	3	1	1	1	0	899
26	S Freiburg	1	4	2	1	1	1	1.530
27	L Breisgau-Hochschw.	2	3	2	2	2	0	627
28	L Emmendingen	1	2	1	1	1	1	451
29	L Ortenau	5	8	4	3	2	0	1.962
30	L Rottweil	1	2	1	1	0	1	736
31	L Schwarzwald-Baar	3	6	3	2	2	1	1.180
32	L Tuttlingen	1	2	1	1	1	0	498
33	L Konstanz	3	5	2	2	1	1	1.369
34	L Lörrach	1	3	1	1	1	1	674
35	L Waldshut	2	4	2	1	1	1	822
36	L Reutlingen	1	3	1	1	1	0	928
37	L Tübingen	1	3	1	1	1	0	931
38	L Zollernalb	3	4	2	1	1	0	930
39	S Ulm	1	3	1	1	1	0	1.063
40	L Alb-Donau	1	2	1	1	0	0	276
41	L Biberach	1	3	1	1	1	0	783
42	L Bodensee	2	6	2	2	2	0	1.549
43	L Ravensburg	3	6	2	3	2	0	1.934
44	L Sigmaringen	2	4	2	1	1	1	775
	Land insgesamt	**79**	**175**	**79**	**68**	**47**	**10**	**46.695**

Die Typenbezeichnungen bedeuten: WG: wirtschaftliche, TG: technisch-gewerbliche, HAG: hauswirtschaftlich-agrarwissenschaftliche, SPG: sozialpädagogische Richtung.

4 Übergänge auf die Schulen der Sekundarstufe

Die Übergänge von den Grundschulen in die Schulen der Sekundarstufe I bestimmen neben den demographischen Grunddaten die Tragfähigkeit der einzelnen Schularten und Schulangebote in den Gemeinden. Zusätzlich zur Verringerung des demographischen Potentials (allgemeine Jahrgangsstärke) hat in erster Linie dieser Wandel im Übergangsverhalten das gegliederte Schulwesen in Unordnung gebracht. Für die Einsichten in die Schieflage des Schulangebotes und seiner Entwicklung sind die Zahlen über die Übergänge in Hauptschule, Realschule und Gymnasien besonders aufschlussreich. In der Konstellation der Verteilung nach Kreisen und Gemeinden liefern sie Hinweise zur weiteren Strategie der zukünftigen Schulentwicklung: Fortschreibung oder alternative Modelle. Bei den Übergängen bestehen allerdings größere Differenzen nach Gemeinden und Kreisen, obwohl der allgemeine Trend im gesamten Lande unübersehbar ist.

4.1 Übergang: Zahlen und Quoten auf Landesebene

Für die Betrachtung der Übergänge sind sowohl die absoluten Zahlen als auch die Anteilsquoten heranzuziehen: Die absoluten Zahlen geben Aufschluss über die Größenordnung und Tragfähigkeit, die Anteile (Quoten) signalisieren die Attraktivität und den Stellenwert der Schulformen. Dabei werden bei den Übergängen die Zahlen der öffentlichen und privaten Grundschulen zusammengenommen, weil sie das Potential für die Sekundarschulen abgeben. Herangezogen werden die Daten seit 2000/01 bis 2008/09 (letzter zugänglicher Stand).

Entwicklung der Übergangszahlen im Lande

Die Zahl der Schüler/innen, die nach der Grundschule auf die **Hauptschule** wechseln, ist in den letzten acht Jahren um mehr als 12.000 zurückgegangen, und zwar von 40.000 auf nur noch 27.427 Schüler/innen. Dies bedeutet eine Verringerung um 32%, d.h. ein Drittel weniger Schüler/innen für diese Schulart binnen weniger Jahre (vgl. Tabelle 15, 51).

Setzen wir für eine Hauptschulklasse 16 Schüler/innen als Regel an (wie grundsätzlich vorgesehen), dann bedeutet dies einen rechnerischen Verlust von landesweit 750 Klassen in der Eingangsstufe (Klasse 5) der Hauptschulen. Ein solch großer Verlust im Zugang kann nicht mehr ohne strukturelle Maßnahmen aufgefangen werden, soll es nicht an vielen Orten zu einem "Absterben" der Bildungsangebote für diese Klientel kommen.

Tabelle 15: Übergänge aus öffentlichen und privaten Grundschulen 2000/01 – 2008/09 an die Schularten der Sekundarstufe in Baden-Württemberg (Absolutzahlen)

	Insgesamt	Hauptschulen	Realschulen	Gymnasien	Sonstige
2000/01	116.924	39.966	35.764	39.446	1.748
2001/02	120.614	40.319	37.127	41.280	1.888
2002/03	117.268	38.882	36.165	40.459	1.762
2003/04	114.959	36.572	36.222	40.561	1.604
2004/05	110.817	33.851	35.442	40.028	1.496
2005/06	106.724	30.892	34.039	40.297	1.496
2006/07	108.575	30.101	35.690	41.502	1.282
2007/08	112.735	29.852	36.981	44.558	1.344
2008/09	109.203	27.427	37.132	43.338	1.306

Quelle: Daten des Statistischen Landesamtes Baden-Württemberg: Schulübergänge, 2000 -2009

Zu Anfang des Jahrtausends, für die ersten drei Jahre bis 2002/03, konnte die Hauptschule noch eine recht große Schülerzahl mit annähernd 40.000 erreichen. Die Besucherzahl blieb in einer Größenordnung, die es ermöglichte, strukturelle Neuerungen bei den Schulangeboten zu verdrängen und die Zukunft der Hauptschule als hinreichend gesichert zu unterstellen, sofern man bereit war, sie auch einzügig zu führen.

Die Übergänge auf die Realschulen haben keineswegs beständig im Lauf der letzten zehn Jahre zugenommen. Vielmehr hat sich ihre Zahl bis 2005/06 etwas verringert (um ca. 3.000); sie ist danach wieder angestiegen, und zwar fast exakt auf den früheren Stand (von 2001/02) mit nun etwa 37.132 (2008/09). Bei den Gymnasien sind die Zugangszahlen über mehrere Jahre bei knapp über 40.000 stabil geblieben. Erst seit 2006/07 haben sie sich stärker erhöht, 2007/08 sogar auf 44.558; zum Schuljahr 2008/09 ist aber der Zustrom mit 43.338 wieder etwas geringer ausgefallen.

Auf alle Fälle ist ein erheblicher Wandel im Zugang auf die Schulformen der gegliederten Sekundarstufe eingetreten, und zwar mit aller Stärke in den letzten sieben Jahren. Noch bis 2001/02 verteilten sich die Besucherzahlen auf die drei Schulformen fast gleichmäßig mit jeweils etwa 40.000 Zugängen in die Eingangsklasse. Heute ist eine deutliche Stufung mit großen Abständen vorhanden, die sich binnen weniger Jahre herausgebildet hat: Die Realschule zieht 10.000 Schüler/innen pro Jahr mehr an als die Hauptschule, das Gymnasium sogar 16.000 Schüler/innen mehr (vgl. Tabelle 15).

Entwicklung der Übergangsquoten im Lande

Eine Fortschreibung der Schulverhältnisse im gegliederten Schulwesen setzt voraus, dass eine recht hohe Quote des Übergangs auf die Hauptschule gewahrt werden muss, und zwar sollte sie bei etwa einem Drittel liegen – wie noch 2000/01 bis 2002/03. Es war absehbar, dass die Schulversorgung labil und gefährdet würde, wenn die Übergänge auf die Hauptschule unter 30% fallen würden. Die verstärkte Abwendung von der Hauptschule durch den Elternwillen hat ab dem Schuljahr 2003/04 eingesetzt; sie fiel dann 2005/06 landesweit erstmals unter die kritische Marke von 30%. Die Abwendung der potentiellen Schüler/innen hat sich in den Jahren danach massiv weiter fortgesetzt, so dass 2008/09 nur noch 25,1% des Jahrgangs auf die Hauptschule wechseln (vgl. Tabelle 16).

Tabelle 16: Übergänge aus öffentlichen und privaten Grundschulen 2000/01 – 2008/09 in die Schularten der Sekundarstufe in Baden-Württemberg (in Prozent)

	Insgesamt	Hauptschulen	Realschulen	Gymnasien	Sonstige
2000/01	116.924	34,2	30,6	33,7	1,5
2001/02	120.614	33,4	30,8	34,2	1,6
2002/03	117.268	33,2	30,8	34,5	1,5
2003/04	114.959	31,8	31,5	35,3	1,4
2004/05	110.817	30,5	32,0	36,1	1,4
2005/06	106.724	28,9	31,9	37,8	1,4
2006/07	108.575	27,7	32,9	38,2	1,2
2007/08	112.735	26,5	32,8	39,5	1,2
2008/09	109.203	25,1	34,0	39,7	1,2

Quelle: Eigene Berechnungen nach den Daten des Statistischen Landesamtes Baden-Württemberg

Die Quote der Übergänge auf die drei Schularten der Sekundarstufe – Hauptschule, Realschule und Gymnasium - hat sich in den letzten Jahren erheblich verschoben. Von etwa einem Drittel zu Anfang des neuen Jahrtausends ist der Hauptschulanteil auf ein Viertel gesunken; er ist gleichermaßen gegenüber den Wechseln auf eine Realschule (Zunahme auf 34,0%) als auch auf ein Gymnasium (zuletzt sogar 39,7%) stark zurückgefallen. Den höchsten Anteil bei stärkstem Zuwachs verzeichnen nunmehr die Gymnasien.

Dem drastischen Wandel in der Nachfrage und dem Besuch der Schulformen ist weder durch Ausbau oder Umbau der Angebote gefolgt worden. Für eine Politik, die sich nachfrageorientiert gibt und den Elternwillen hervorhebt, muss dies als Ignoranz gegenüber den Kunden eingestuft werden. Den Interessen der Eltern wie der Kinder wird weithin nicht entsprochen. Weder die Hauptschulen noch die Realschulen oder Gymnasien werden ihrer kommunalen oder regionalen Versorgungsleistung gerecht: Die Hauptschulen sind immer kleiner und im Bestand gefährdeter geworden, dem immer größeren Überangebot (gemessen an der elterlichen Nachfrage) ist nicht schulplanerisch entgegengewirkt worden. Das Angebot an Realschulen und Gymnasien wurde nicht entsprechend dem Besucheranstieg ausgebaut, so dass ein Mangel in vielen Regionen eingetreten ist, was zu der vermehrten Zahl an Ausbildungspendlern in überfüllten Klassen in zu großen Schulen geführt hat.

Für die Übergangsquoten, als Grundlage der Prognosen für die zukünftige Schulentwicklung, lassen sich als einfache Fortschreibung für die Schularten der Sekundarstufe folgende Größenordnungen festhalten, wenn keine weiteren Veränderungen eintreten: 25% Hauptschule, 35% Realschule und 40% Gymnasium.

Allerdings bleiben die erheblichen Varianzen im Übergang nach Kreisen und in den Gemeinden zu beachten. Sie sollen nachfolgend untersucht werden, weil ihre Entwicklung Hinweise auf die zukünftige Trends und Potential enthält.

4.2 Übergangszahlen und -quoten nach Kreisen

Als erstes ist es lohnenswert sich kreisweise zu versichern, wie sich die Schulpopulation für die Schulen der Sekundarstufe zwischen 2003/04 und 2008/09 verändert hat – denn in diesem Zeitraum von fünf Jahren hat sich der Wandel vor allem vollzogen. Die Entwicklung der Übergänge auf der Kreisebene, vor dem Hintergrund der landesweiten Trends, variiert beträchtlich und die Unterschiede in den Quoten für die Schulen der Sekundarstufe bleiben groß. Eine Annäherung ist kaum festzustellen, eher stellt sich der Eindruck ein, dass die Differenzen, zwar auf höherem Niveau der Bildungsbeteiligung, dennoch eher größer geworden sind, d.h. die Schere der regionalen Ungleichheit weiter auseinander klafft. Dies wird ersichtlich, wenn die zahlenmäßigen Übergänge zwischen 2003/04 und 2008/09 verglichen werden (vgl. Tabelle 17, S. 55).

Übergangszahlen in den Kreisen und ihre Veränderung

In nur noch 7 Kreisen wechseln 2008/09 mehr als 1.000 Schüler/innen in die Hauptschulen, vor fünf Jahren 2003/04 waren es 11 Kreise mit einem solchen Zugang. Bei den Hauptschulen bewegt sich der Verlust zwischen absolut 412 Schüler/innen in diesem Zeitraum im LK Ludwigsburg und im SK Stuttgart als höchstem Wert und nur 14 Schüler/innen im SK Baden-Baden. Alle Kreise haben 2008/09 Verluste im Hauptschulzugang zu verzeichnen, die einen etwas geringer, die anderen in sehr erheblichem Maße – wie in LK Esslingen (-389), LK Heilbronn (-334), LK Karlsruhe (-365), LK Rhein-Neckar (-358), LK Ortenau (-356), LK Schwarzwald-Baar (-337) und LK Ravensburg (-334). Die Verteilung des starken Rückgangs über das Land und die Regierungsbezirke macht deutlich, dass es sich um einen allgemeinen Trend handelt, der nur wenig durch regionale Besonderheiten unwirksam ist.

Überraschend mag daher sein, dass bei den Realschulen wie den Gymnasien über die Kreise im Land kein eindeutiger Trend auszumachen ist. Das zeigt sich daran, dass nicht durchweg eine Zunahme (+) eingetreten ist, sondern öfters auch eine, wenn auch geringe Abnahme (-) erfolgte. Trotz des für das Land insgesamt positiven Saldos, sind bei den Realschulen in 18 Kreisen, bei den Gymnasien in 12 Kreisen gewisse Abnahmen festzustellen.

In einigen Kreisen haben die Realschulen, in anderen Kreisen die Gymnasien überproportional hinzu gewonnen. Bei den Realschulen sind es die sechs Kreise LK Esslingen, LK Karlsruhe, LK Enzkreis, LK Reutlingen, LK Biberach und LK Ravensburg mit einem Zugewinn von über 100 bis zu 184 Schüler/innen beim Zugang zu den Realschulen. Die Gymnasien haben in den drei Kreisen SK Stuttgart, LK Esslingen und LK Rhein-Neckar einen absolut außerordentlich großen Zugewinn von mehr als 300 Schüler/innen. In allen anderen Kreisen übersteigt er nicht die Zahl von +164 (LK Ortenau); in vielen Kreisen bleibt er im zweistelligen Bereich und in manchen Kreisen hat die Entwicklung sogar ein negatives Vorzeichen.

Werden die zahlenmäßigen Verluste zwischen 2003/04 und 2008/09 für die einzelnen Kreise in Anteile umgerechnet, wird die unterschiedliche Minderung und abnehmende Akzeptanz ersichtlich. Dies geschieht hier nur für die Hauptschulen, weil die Veränderung bei ihnen wegen der Größenordnung folgenreicher ist. Im Mittel hat sich im Land die Schülerschaft an den Hauptschulen seit 2003/04 um 25% verringert – ein erheblicher Verlust in kurzer Frist. In keinem Kreis konnte die Verringerung vermieden werden. Die Spannweite um diesen Landeswert ist allerdings groß: Am geringsten ist er mit -7,8% im SK Pforzheim ausgefallen, am höchsten im SK Heideberg mit -42,1%.

In einigen Kreisen des Landes ist der Rückgang unter der 20%-Marke geblieben: neben dem SK Pforzheim noch im SK Baden-Baden (-12%), Ulm (-14,9%), Heilbronn (-15,0%), Mannheim (-18,2), Freiburg (-19,1) und im LK Konstanz (-17,6%). Es wird ersichtlich, dass geringere Abnahmen vor allem in den Stadtkreisen vorliegen, weil dort bereits nur noch wenige die Hauptschule besuchten und deshalb die Abnahme abgeschwächt ist. Erwähnenswert sind auch drei Landkreise, in denen der Rückgang bei einem Fünftel blieb wie in den Landkreisen Waldshut (-20,1%), Tübingen (-20,2%) und Freudenstadt (-20,2%)

Die meisten Kreise liegen hinsichtlich des geringeren Besuchs der Hauptschulen erwartungsgemäß eng um den Landeswert von 25%: Der Rückgang beläuft sich zwischen 22% und 27% in 16 Kreisen, und zwar von LK Hohenlohe (-23,8%) und LK Böblingen (-24,2%) über LK Alb-Donau (25,3%) und LK Enz (-25,9%) bis LK Rottweil (-26,3%) und LK Zollernalb (-26,6%). Auf der anderen Seite weisen manche Kreise einen überproportionalen Verlust bei der Schülerschaft im Zugang zu den Hauptschulen auf. Sie liegt mit Abstand am höchsten im SK Heidelberg mit -44,6% und im LK Heidenheim mit -42,1%. Hier hat sich der Zugang zu den Hauptschulen im Kreis fast halbiert. Eine deutlich überproportionale Minderung im Hauptschulbesuch um etwa ein Drittel ist in drei weiteren Landkreisen eingetreten: Schwäbisch-Hall mit -31,8%, Sigmaringen mit -35,2% und Schwarzwald-Baar mit -36,6%. Schließlich hat die Minderung im Hauptschulbesuch mit annähernd 30 Prozent auch im SK Stuttgart (-29,2%) und im LK Biberach (-29,3%) für den Fortbestand vieler Hauptschulen eine besonders prekäre Größenordnung erreicht.

Tabelle 17:
Übergänge in den Kreisen 2003/04 und 2008/09 auf die Schulen der Sekundarstufe

Kreis	Schüler/innen 2003/04			Schüler/innen 2008/09			Differenz im Besuch		
	HS	RS	GY	HS	RS	GY	HS	RS	GY
S Stuttgart	1.409	1.192	2.022	997	1.158	2.142	- 412	- 34	+ 390
L Böblingen	1.165	1.253	1.624	880	1.294	1.691	- 285	+ 41	+ 67
L Esslingen	1.594	1.685	1.835	1.205	1.827	2.144	- 389	+ 142	+ 309
L Göppingen	933	950	1.014	731	973	1.001	- 202	+ 22	- 13
L Ludwigsburg	1.690	1.828	2.157	1.278	1.788	2.309	- 412	- 40	+ 152
L Rems-Murr	1.349	1.576	1.658	1.043	1.653	1.752	- 306	+ 7	+ 94
S Heilbronn	440	317	366	374	357	389	- 66	+ 40	+ 23
L Heilbronn	1.345	1.337	1.291	1.011	1.272	1.431	- 334	- 65	+ 140
L Hohenlohe	407	565	375	310	498	357	- 97	- 67	- 18
L Schw. Hall	849	846	693	579	797	689	- 270	- 49	- 4
L Main-Tauber	473	583	495	379	587	430	- 94	+ 4	- 65
L Heidenheim	570	458	506	371	407	573	- 199	- 53	+ 68
L Ostalbkreis	1.153	1.408	1.092	891	1.355	1.225	- 262	- 53	+ 133
S Baden-Baden	117	99	230	103	106	240	- 14	+ 7	+ 10
S Karlsruhe	642	542	1.073	460	592	1.185	- 182	+ 50	+ 112
L Karlsruhe	1.490	1.428	1.760	1.125	1.547	1.875	- 365	+ 119	+ 115
L Rastatt	809	795	869	578	819	929	- 231	+ 23	+ 60
S Heidelberg	184	180	607	102	178	610	- 82	- 2	+ 3
S Mannheim	790	573	956	646	572	1.075	- 144	- 1	+ 119
L Neckar-Odw.	636	591	499	490	561	515	- 146	- 30	+ 16
L Rhein-Neckar	1.466	1.646	2.172	1.108	1.597	2.529	- 358	- 49	+ 357
S Pforzheim	421	285	409	318	303	388	- 33	+ 18	- 21
L Calw	639	594	572	495	616	659	- 144	+ 22	+ 87
L Enzkreis	715	732	930	530	835	911	-185	+ 103	- 19
L Freudenstadt	491	494	452	392	539	397	- 99	+ 45	- 55
S Freiburg	298	411	785	241	359	885	- 57	+ 52	+ 100
L Breisgau-H.	769	959	1.049	548	933	1.079	- 221	- 26	+ 30
L Emmendingen	559	560	563	399	664	579	- 160	+ 84	+ 16
L Ortenau	1.689	1.562	1.438	1.333	1.565	1.602	- 356	+ 3	+164
L Rottweil	622	601	549	458	576	556	-164	- 25	+ 7
L Schw.-Baar	921	719	695	584	817	736	- 337	+ 98	+ 41
L Tuttlingen	603	536	459	468	586	483	- 135	+ 50	+ 24
L Konstanz	825	830	995	680	842	1.123	- 145	+ 12	+ 128
L Lörrach	889	816	809	696	777	907	- 193	- 39	+ 98
L Waldshut	719	716	511	569	709	523	- 150	- 7	+ 12
L Reutlingen	984	914	1.229	715	1.024	1.189	- 269	+ 110	- 40
L Tübingen	569	706	1.056	454	656	1.167	- 115	- 50	+ 111
L Zollernalb	868	694	662	640	692	634	- 228	- 2	- 28
S Ulm	315	279	449	268	300	423	- 47	+ 21	- 26
L Alb-Donau	798	847	745	596	857	760	- 202	+ 10	+ 15
L Biberach	883	796	727	624	970	697	- 259	+ 184	- 30
L Bodensee	663	761	682	480	829	725	- 183	+ 68	+ 43
L Ravensburg	1.210	1.013	968	876	1.164	1.035	- 334	+ 151	+ 67
L Sigmaringen	620	545	533	402	581	519	- 218	+ 36	- 14
Land insges.	**36.572**	**36.222**	**40.561**	**27427**	**37132**	**43338**	**-9145**	**+ 910**	**+2777**

Quelle: Statistisches Landesamt Baden-Württemberg und eigene Berechnungen

Übergangsquoten in den Kreisen

Der Ausweis der Übergangsquoten in den einzelnen Kreisen vermittelt zum ersten einen Einblick in die Spannweite und Größenordnung der Verteilung auf Hauptschule, Realschule und Gymnasium, damit auch auf die Schwankungen um den Mittelwert für das Land; zum anderen kann dadurch festgestellt werden, ob bei der Konkurrenz um das Schülerklientel eine Schulart dominiert (und welche) oder ob eine annähernde Gleichverteilung besteht, wie es von manch traditionellen Schulpolitikern offenbar als anzustrebendes „Gleichgewicht" zwischen den Bildungsgängen, als Abbildung von Begabungsverteilungen, unterstellt wird.

Beim Übergang auf die Hauptschule liegen die Quoten zum Schuljahr 2008/09 zwischen nicht mehr als 10,4% (Heidelberg) und 14,2% (Freiburg) als niedrigsten Werten und 33,0% (Heilbronn) bzw. 32,5% (Zollernalbkreis) als höchsten Werten. Immerhin fünf weitere Kreise bleiben beim Hauptschulübergang unter 22%, wie Stuttgart, Karlsruhe, Tübingen und auch der Rhein-Neckar-Kreis (bei Heidelberg) bzw. der LK Breisgau-Hochschwarzwald (bei Freiburg). Auf der anderen Seite haben noch vier weitere Kreise dem neben SK Heilbronn einen Übergang auf die Hauptschule von knapp über 30%, wie die LK Waldshut, LK Tuttlingen, SK Pforzheim und der LK Neckar-Odenwald (vgl. Tabelle 18, S. 57).

Beim Übergang auf die Realschule weisen sechs Kreise eine Quote von etwas mehr als 40% auf; am höchsten ist sie mit 42,1% im LK Biberach. In einigen Kreisen liegt sie auf der anderen Seite unter 25%: in Stuttgart, Baden-Baden, Heidelberg, Mannheim und Freiburg; mit dem niedrigsten Wert von 18,1% (in Heidelberg). Bezeichnenderweise sind dies durchweg Stadtkreise, die anteilsmäßig wenige Übergänge auf die Realschule verzeichnen.

In sieben Kreisen übersteigt der Übergang auf das Gymnasium die 50% - Marke, in Heidelberg mit 62,0% sogar deutlich; die anderen liegen zwischen 51,5 und 53%. Es sind durchweg Stadtkreise und zumal Universitätsstädte. Den höchsten Anteil an Gymnasiasten erreicht danach der Rhein-Neckar-Kreis mit 47,8%. Auf der anderen Seite haben neun Kreise höchsten ein Drittel an Gymnasiasten, mit der niedrigsten Quote im LK Waldshut mit 28,9% LK Freudenstadt von nur 29,6%.

Entwicklung der Quoten zwischen 2003/04 und 2008/09

Aus dem Vergleich der Übergangsquoten zwischen 2003/04 und 2008/09 kann gefolgert werden, dass allenthalben die Abwendung von der Hauptschule in einem ähnlichen Umfang erfolgt ist, allerdings von einem unterschiedlichen Niveau aus und nicht überall mit der gleichen Intensität. Dabei richtet sich die Aufmerksamkeit zwar häufig etwas einseitig auf die Hauptschulen, aber ebenso bedeutsam sind die wachsenden Quoten für die Realschulen und Gymnasien (vgl. Tabelle 18, S. 57).

Tabelle 18: Quoten der Übergänge auf die Schulen der Sekundarstufe nach Kreisen in BW: 2003/04 und 2008/09 (Angaben in %; Schülerzahl der abgebenden Grundschulen als Referenz)

Kreis		Übergang 2003/04				Übergang 2008/09			
		Insges.	HS	RS	GY	Insges.	HS	RS	GY
01	S Stuttgart	4.707	29,9	25,3	**43,0**	4.623	**21,6**	25,0	**52,2**
02	L Böblingen	4.107	28,4	30.5	39,5	3.890	22,6	33,3	43,5
03	L Esslingen	5.161	30,9	32,6	35,6	5.222	23,1	35,0	41,1
04	L Göppingen	2.930	31,8	32,4	34,6	2.722	26,9	35,7	36,8
05	L Ludwigsburg	5.770	29,3	31,7	37,4	5.411	23,6	33,0	42,7
06	L Rems-Murr	4.621	29,2	34,1	35,9	4.488	23,2	36,8	39,0
07	S Heilbronn	1.138	38,7	27,9	32,2	1.134	33,0	31,5	34,3
08	L Heilbronn	4.008	33,6	33,4	32,2	3.734	27,1	34,1	38,3
09	L Hohenlohe	1.355	30,0	41,7	27,7	1.188	26,1	**41,9**	30,1
10	L Schw. Hall	2.399	35,4	35,3	28,9	2.075	27,9	38,4	33,2
11	L Main-Tauber	1.558	30,4	37,4	31,8	1.401	27,1	**41,9**	30,7
12	L Heidenheim	1.546	36,9	29,6	32,7	1.367	27,1	29,8	41,9
13	L Ostalbkreis	3.683	31,3	38,2	29,6	3.487	25,6	38,9	35,1
14	S Baden-Baden	452	25,9	21,9	**50,9**	453	22,7	23,4	**53,0**
15	S Karlsruhe	2.279	28,2	23,8	**47,1**	2.257	**20,4**	26,2	**52,5**
16	L Karlsruhe	4.699	31,7	30,4	37,5	4.576	24,6	33,8	41,0
17	L Rastatt	2.488	32,5	32,0	34,9	2.333	24,8	35,1	39,8
18	S Heidelberg	1.091	**16,9**	16,5	**55,6**	982	**10,4**	18,1	**62,1**
19	S Mannheim	2.586	30,5	22,2	37,0	2.522	25,6	22,7	42,6
20	L Neckar-Odw.	1.753	36,3	33,7	28,5	1.576	31,1	35,6	32,7
21	L Rhein-Neckar	5.357	27,4	30,7	40,5	5.294	**20,9**	30,2	**47,8**
22	S Pforzheim	1.128	37,3	25,3	36,3	1.019	31,2	29,7	38,1
23	L Calw	1.826	35,0	32,5	31,3	1.783	27,8	34,5	37,0
24	L Enzkreis	2.389	29,9	30,6	38,9	2.290	23,1	36,5	39,8
25	L Freudenstadt	1.454	33,8	34,0	31,1	1.342	29,2	**40,2**	29,6
26	S Freiburg	1.666	**17,9**	24,7	**47,1**	1.694	**14,2**	21,2	**52,2**
27	L Breisgau-H.	2.802	27,4	34,2	37,4	2.592	**21,1**	36,0	41,6
28	L Emmendingen	1.696	33,0	33,0	33,2	1.655	24,1	**40,1**	35,0
29	L Ortenau	4.727	35,7	33,0	30,4	4.522	29,5	34,6	35,4
30	L Rottweil	1.782	35,0	33,7	30,8	1.604	28,6	35,9	34,7
31	L Schw.-Baar	2.351	39,2	30,6	29,6	2.148	27,2	38,0	34,3
32	L Tuttlingen	1.615	37,3	33,2	28,4	1.544	30,3	38,0	31,3
33	L Konstanz	2.681	30,8	31,0	37,1	2.697	25,2	31,2	41,6
34	L Lörrach	2.450	35,0	32,1	31,9	2.392	29,1	32,5	37,9
35	L Waldshut	1.966	36,6	36,4	26,0	1.809	31,5	39,2	28,9
36	L Reutlingen	3.157	31,2	29,0	38,9	2.947	24,3	34,7	40,3
37	L Tübingen	2.347	24,2	30,1	**45,0**	2.287	**19,9**	28,7	**51,0**
38	L Zollernalb	2.233	38,9	31,1	29,6	1.972	32,5	35,1	32,2
39	S Ulm	1.045	30,1	26,7	**43,0**	998	26,9	30,1	42,4
40	L Alb-Donau	2.391	33,3	35,3	31,1	2.219	26,9	38,6	34,2
41	L Biberach	2.420	36,5	32,9	30,6	2.305	27,1	**42,1**	30,2
42	L Bodensee	2.127	31,2	35,8	32,1	2.044	23,5	**40,6**	35,5
43	L Ravensburg	3.212	37,7	31,5	30,1	3.097	28,3	37,6	33,4
44	L Sigmaringen	1.716	36,1	31,8	31,1	1.508	26,7	38,5	34,4
	Land insges.	**114.959**	**31,8**	**31,5**	**35,3**	**109.203**	**25,1**	**34,0**	**39,7**

Quelle: Statistisches Landesamt Baden-Württemberg und eigene Berechnungen (ohne andere Schulen)

Bei den Hauptschulen ist im LK Schwarzwald-Baar die Übergangsquote zwischen 2003 und 2008 am meisten abgefallen, und zwar um 12 Prozentpunkte von 39% auf 27%. In vier weiteren Landkreisen beträgt der Rückgang etwa 9 Prozentpunkte: Heidenheim, Biberach, Ravensburg und Sigmaringen (Landeswert -6,0%). Bei den Realschulen sind die Landkreise Enzkreis, Freudenstadt, Emmendingen, Schwarzwald-Baar und Biberach mit einem überproportionalem Zuwachs von 6% bis 7% hervorzuheben (Landeswert +2,5%). Auf der anderen Seite ist die Gymnasialquote besonders stark angestiegen in den SK Stuttgart, Heidelberg und Tübingen sowie in den Landkreisen Heidenheim, Heilbronn, Rhein-Neckar und Lörrach: in diesen Kreisen hat sich der Gymnasialbesuch um 6% bis 9% in den letzten fünf Jahren überproportional erhöht (Landeswert +4,4%).

Übergangsquoten: Gleichverteilung, Präferenz und Dominanz

Anhand der Übergangsquoten lässt sich für die Kreise feststellen, ob im Besuch der drei Schulformen in der Sekundarstufe eine Gleichverteilung vorliegt, ob es eine Präferenz für zwei Schulformen gibt und eine abfällt oder ob eine Schulform mehr oder weniger deutlich dominiert und die meisten Besucher anzieht. Traditioneller Weise wird oftmals indirekt unterstellt, die drei Schulformen würden oder sollten einen ähnlich Anteil an Schüler/innen gewinnen, weil die „Begabungen" entsprechend verteilt seien. Dagegen wird die Dominanz einer Schulform nicht erwartet, vor allem gegenüber dem Gymnasium wird unterstellt, es sei nur für einen kleineren Anteil der Kinder und Jugendlichen geeignet, die Hauptschule sei das Bildungsangebot für die Mehrheit. Diese Frage wird später für die Gemeindeebene noch bedeutungsvoller. Aber es erweist sich, dass diese Annahmen wenig mit der tatsächlichen Zahl an Besuchern der verschiedenen Schulformen übereinstimmen.

Eine Gleichverteilung der Besuchsquoten zwischen Hauptschule, Realschule und Gymnasium ist dann im Kreis gegeben, wenn jede Schulart einen Übergang im Bereich von 30 Prozent erreicht: zwischen 30% und 39%. Dies ist nur in vier Kreisen der Fall: SK Heilbronn, SK Neckar-Odenwald, SK Tuttlingen und SK Zollernalb (vgl. Tabelle 18, S. 57).

Die Präferenz für zwei Schularten liegt dann vor, wenn sie beide deutlich mehr als 30% Zugangsquote aufweisen (in der Regel zwischen 34% und 38%), die dritte Schulart aber mehr oder weniger deutlich unter 30% bleibt (öfters sogar unter 25%): In 15 Kreisen bezieht sich diese Präferenz auf Realschule und Gymnasium, während die Hauptschule abgefallen ist, wie u.a. im LK Rems-Murr, LK Heilbronn, LK Rastatt, LK Enzkreis, LK Ortenau, LK Alb-Donau und LK Ravensburg.

Die Dominanz einer Schulform ist vorhanden, wenn sie eine deutlich höhere Besuchsquote (zumindest über 40%) als die anderen beiden Schulformen aufweist, die unter 30% bleiben oder die 30% nur knapp überschreiten. Eine gewisse Dominanz liegt vor, wenn die Besuchsquote zwischen 40% und 49% liegt, eine starke Dominanz liegt vor, wenn sie die 50% Marke überscheitet, denn dann sinken die anderen Schulformen durchweg auf unter 25%, öfters sogar unter 20% Anteil ab. Insgesamt besteht die Dominanz einer Schulform in 25 Kreisen, demnach bei der Mehrheit.

Die Hauptschule ist nirgends die dominante Schulform, in einigen Kreisen ist es die Realschule (7 Kreise), in den meisten Kreisen ist es das Gymnasium (18 Kreise).

In 7 Kreisen nimmt die Realschule die gewisse Dominanz ein, jedoch bleibt ihr Anteil meist knapp über 40% (bis 42%), etwa im LK Hohenlohe, LK Main-Tauber, LK Emmendingen, LK Biberach und LK Bodensee. In zwölf Kreisen hat das Gymnasium diese gewisse dominante Stellung mit einem Anteil von etwa vier Zehntel: z. B. in LK Böblingen, LK Ludwigsburg, LK Heidenheim, LK Rhein-Neckar, LK Konstanz oder im SK Ulm.

Eine starke Dominanz hat das Gymnasium erreicht, und zwar in der beachtlichen Zahl von sechs Kreisen, wobei es sich fast nur um Stadtkreise handelt. Der Zugang zum Gymnasium liegt in diesen Kreisen zwischen 51% und 62%, der für die Realschule bei 21% bis 28% und für die Hauptschule zwischen 10% und 23%. Es handelt sich um den SK Stuttgart, SK Baden-Baden, SK Karlsruhe, SK Heidelberg und SK Freiburg sowie den LK Tübingen. Es kann davon ausgegangen werden, dass diese Städte, wie auch schon in den früheren Jahren, den Trend der Bildungsbeteiligung in anderen Landesregionen vorgeben.

4.3 Übergangsquoten in den Gemeinden

Von den 1.109 Gemeinden des Landes werden für eine Reihe keine Übergänge ausgewiesen, weil dort keine Grundschule vorhanden ist. Die Spannweite der angeführten Übergangsquoten ist über die Gemeinden sehr groß, was zum Teil auch an der geringen Gemeindegröße liegt, weil oftmals die Zahl der Grundschüler in der Klasse 4 vor dem Übergang gering ist.

Für die Hauptschulen wird in 93 Gemeinden für das Schuljahr 2008/09 kein Übergang angeführt, wobei 85 Gemeinden keine Grundschule haben und acht weitere Gemeinden keinen Übergang auf die Hauptschule aufweisen. Ansonsten liegt die Spannweite der Übergänge zur Hauptschule zwischen 3% (in zwei Gemeinden) und 89% (in einer Gemeinde). Solche Extremwerte kommen vor allem durch geringe Schülerzahlen im betreffenden Jahrgang in kleinen Gemeinden zustande.

Um die Verteilung der Übergangsquoten darzustellen, ist es angebracht, sich am Mittelwert des Landes zu orientieren, auch um zu erkennen, wie viele Gemeinden mehr oder weniger von diesem Mittelwert abweichen. Den Wert von 25% Übergang auf die Hauptschule haben 47 Gemeinden, was einem Anteil von 4,2% aller Gemeinden des Landes entspricht. Erwartungsgemäß liegt eine große Zahl an Gemeinden um diesen Mittelwert in der Spannweite von 23% bis 27%: es sind zusammen 235 Gemeinden, d. h 21%, also ein gutes Fünftel, aller Gemeinden. Von der "mittleren" Lage erfolgt die weitere Stufung des Übergangs in

Schritten von fünf Prozentpunkten, beginnend mit 26 – 30 Prozent (vgl. Tabelle 19, S. 60).

Tabelle 19: Anteil der Übergänge auf die Hauptschulen nach den Gemeinden in Baden-Württemberg, Schuljahr 2008/09

Übergänge in HS (%)	Gemeinden	Prozent	Prozent kumuliert
bis 15	210	18,9	18,9
16 – 20	164	14,8	33,7
21 – 25	210	18,9	52,7
26 – 30	247	22,3	74,9
31 – 35	162	14,6	89,5
36 - 40	70	6,3	95,9
41 - 45	29	2,6	98,5
45 – 50	11	1,0	99,5
51 u. mehr	6	0,5	100,0
Insgesamt	1.109	100,0	

Quelle: Statistisches Landesamt Baden-Württemberg 2009 und eigene Berechnungen

Ersichtlich wird, dass in 33,7% der Gemeinden bereits 2008/09 nicht mehr als 20% der Schüler nach der Grundschule die Hauptschule wählen; in absoluten Zahlen betrifft dies 374 Gemeinden, d.h. ein Drittel aller Gemeinden (93 Gemeinden ohne Hauptschul-Übergang dabei unberücksichtigt). Insgesamt 74% der Gemeinden bleiben unter der Übertrittsquote von 30% zur Hauptschule, die noch vor weniger Jahren den Durchschnitt im Lande darstellte und damit so etwas wie einen Standard bildete. Nur 4% der Gemeinden, das sind nicht mehr als 46 an der Zahl, haben noch eine Übertrittsquote von 41% und mehr auf die Hauptschule.

Konstellation der Übergangszahlen für Haupt- und Realschule nach Gemeinden

Von besonderem Aufschluss für die zukünftige Schulgestaltung ist die Konstellation, dass sowohl die Hauptschule als auch die Realschule in der Gemeinde gemäß der örtlichen Schülerzahl unter der Zweizügigkeit bleiben, sie aber zusammen die Zweizügigkeit erreichen. Wird dies für die einzelnen Gemeinden berechnet, ergibt sich folgendes Bild. Von den 1.109 Gemeinden erreichen auch bei zusammengeführter Schülerschaft von Hauptschule und Realschule 502 Gemeinden nicht die Zweizügigkeit, wenn dafür mehr als 31 Schüler/innen angesetzt werden. Sie sind oder bleiben durchweg im dreigliedrigen Schulsystem ohne Schule in der Sekundarstufe (vgl. Tabelle 20, S. 61).

Aber in 276 Gemeinden ergibt sich 2008/09 eine gemeinsame Schülerschaft für Haupt- und Realschule zwischen 30 und 61 Schüler/innen. Bei strengeren Maßstäben zur Einrichtung einer Verbundschule, wenn etwa zumindest 36 Schüler/innen im Jahrgang vorausgesetzt werden, bleiben immer noch 171 Gemeinden im Land, für die die Option der Verbundschule besonders attraktiv sein müsste, um das Schulangebot zu erweitern bzw. zu sichern.

Tabelle 20: Gemeinsame Zugangszahl von Haupt- und Realschule in den Gemeinden in Baden-Württemberg (2008/09)

Schülerzahl für HS + RS	Anzahl Gemeinden	Anzahl kumulativ	in Prozent	Prozent kumulativ
0 - 15	212	212	19,2%	19,2%
16 - 23	133	345	12,0%	31,2%
24 - 29	114	459	10,3%	41,5%
Zwischensumme 0 - 29	459	459	41,5%	41,5%
30 - 33	**75**	**534**	**6,8%**	**49,7%**
34 - 39	**75**	**609**	**6,8%**	**56,5%**
40 - 47	**86**	**695**	**7,7%**	**64,2%**
48 - 61	**40**	**735**	**3,6%**	**66,3%**
Zwischensumme 30 - 61	**276**	**735**	**24,9%**	**66,3%**
übrige Gemeinden	374	1.109	33,7%	100,0%
Insgesamt	1.109	1.109	100,0%	100,0%

Quelle: Statistisches Landesamt und eigene Berechnungen

Es liegt auf der Hand, dass insbesondere für diese Gemeinden die Einrichtung einer zweizügigen Verbundschule günstig wäre und sie diese Option daher ernsthaft zu prüfen hätten. Denn im gegliederten Schulwesen wäre weder eine Hauptschule bzw. Werkrealschule noch eine Realschule kommunal tragfähig und stabil möglich. Die Option auf die Verbundschule mit dem hauptschulischen und realschulischen Bildungsgang und Abschluss wäre eine erhebliche Aufwertung des Schulstandortes. Diese günstige Perspektive für einen **Bildungsausbau statt einer Bildungsreduzierung** bietet sich vor allem diesen 276 Gemeinden an, das ist ein Viertel der Kommunen in Baden-Württemberg. Verzichten solche Gemeinden auf ihre Möglichkeit oder werden zum Verzicht gezwungen, dann werden dadurch die Bildungschancen vor Ort geschmälert, obwohl sie allenthalben beschworen und gefordert werden.

5 Demographische Ausgangslage und Prognosen

Die **demographische Ausgangslage** umfasst die Angaben über die Bevölkerung insgesamt, über die relevanten Altersgruppen von 0 – 4 Jahre, 5 – 9 Jahre und 10 – 15 Jahre sowie die jährliche Zahl der Lebendgeborenen. Sie werden für das Land und seine Kreise ausgewiesen, um dadurch den allgemeinen Trend zu kennzeichnen. Außerdem werden die entsprechenden Daten für die einzelnen Gemeinden herangezogen, um das Potential für die kommunalen, allgemein bildenden Schulen in der Primar- und Sekundarstufe aufzuzeigen.

Aus diesen Werten wird die **Prognose** für das zukünftig zu erwartende Potential an Schüler/innen für die Sekundarstufe abgeleitet. Diese Prognose bezieht sich **kurzfristig** auf die Jahre 2010 bis 2014, **längerfristig** auf die Jahre 2015 bis 2020 bzw. 2025. In diesem Gutachten wird in erster Linie mit der langfristigen Prognose gearbeitet, weil sie nachhaltiger die Entwicklungen bei der Fortschreibung des dreigliedrigen Schulwesens wie bei den Alternativen mit integrativen Modellen der Sekundarschulen aufzeigt.

5.1 Rahmen: Bevölkerungsprognose für Land und Kreise

Als Hintergrund für den **allgemeinen Trend der Bevölkerungsentwicklung** wird die regionalisierte Bevölkerungsberechnung für das Land und seine 44 Kreise herangezogen (vgl. Dominé/Schwarck 2007). Darin werden die zu erwartenden Bevölkerungszahlen für 2010, 2015, 2020 und 2025 berechnet. Aus der langfristigen Prognose für das gesamte Land ergibt sich ein erster, bemerkenswerter Befund: Die zu erwartende Bevölkerung verändert sich 2015 bis 2020 gegenüber dem Vergleichsjahr von 2005 nur in geringem Maße, d. h. sie bleibt in ihrem Umfang gegenüber den gegenwärtigen Verhältnissen weitgehend stabil: Es kann jeweils mit etwa 10.7 Millionen Einwohnern im gesamten Zeitraum bis 2020 gerechnet werden, erst danach ist ein geringer Rückgang auf 10.6 Millionen Einwohner möglich (vgl. Tabelle 21, S. 63).

Insgesamt sind demnach für die Bevölkerung im Zeitraum bis 2025 gegenüber den gegenwärtigen Verhältnissen kaum Veränderungen zu erwarten: Bis 2015 soll sie um + 0,2 % steigen, also praktisch gleich bleiben; und bis 2025 soll sie dann um -1,0 % abnehmen. Auch dieser Wert lässt den Schluss zu, dass der Bevölkerungsrahmen selbst in diesem langen Zeitraum sich wenig verändert. Allerdings bedarf es der Prüfung für die einzelnen Altersstufen, die für den Schulbesuch relevant sind, ob sie die gleiche Stabilität der Größenordnung aufweisen.

Tabelle 21: Offizielle Landesprognose für die Bevölkerungsentwicklung in Baden-Württemberg nach Altersgruppen für 2010 – 2015 – 2020 – 2025 (Stand 2005)

Altersgruppe	2010	2015	2020	2025
unter 3, insges.	271.729	269.781	269.344	261.791
pro Jg.	**90.576**	**89.927**	**89.781**	**87.264**
3 – 5, insges.	281.044	270.989	271.201	268.547
pro Jg.	**93.681**	**90.330**	**90.400**	**89.516**
6 - 9, insges.	401.141	368.942	361.529	361.934
pro Jg.	**100.285**	**92.236**	**90.382**	**90.484**
10 -14, insges.	*569.399*	*498.988*	*462.383*	*454.828*
pro Jg.	***113.880***	***99.798***	***92.478***	***90.965***
15 -17, insges.	353.997	337.567	296.981	278.315
pro Jg.	**117.999**	**112.522**	**98.994**	**92.772**
Insgesamt	**10.765.376**	**10.753.698**	**10.709.737**	**10.631.358**

Quelle: Statistisches Landesamt 2009 und eigene Berechnungen.

Für die Primarstufe (Grundschule) ist die Altersgruppe von 6 bis 9 Jahren relevant, für die Sekundarstufe ist die Altersgruppe der 10 bis 15 Jährigen heranzuziehen (sie ist in Tabelle 21 *kursiv* gekennzeichnet). In diesen beiden Altersgruppen treten bedeutsame Veränderungen auf, die in der Bevölkerungszahl insgesamt untergehen. Die Zahl der 6 bis 9-Jährigen verringert sich zwischen 2010 und 2015 erheblich, danach nimmt sie bis 2020 schwach ab und bleibt dann bis 2025 relativ stabil: bei gut 90.000 pro Jahrgang. In der Altersgruppe der Sekundarstufe von 10 bis 14 Jahren ist eine stetige und deutliche Abnahme zu allen Zeitpunkten zu beobachten: von etwa 114.000 im Jahr 2010 auf 100.000 dann 2015 und bis 2020 sogar auf nur noch rund 92.500 und schließlich in 2020 auf nicht mehr als 91.000.

Das zu erwartende Schülerpotential der Sekundarstufe in den Jahren 2015 bis 2025 ist daher für ganz Baden-Württemberg mit 92.000 bis 90.000 Schüler/innen pro Klassenjahrgang anzusetzen. Diese Zahlen können als allgemeine Orientierung über die zukünftige Größenordnung der Klassenjahrgänge dienen. Freilich ist auch für die zukünftige Entwicklung der Bevölkerung und der Altersgruppen bzw. Jahrgänge die Variation nach den Kreisen und zwischen den Gemeinden zu klären: Besteht überall ein ähnlicher Trend oder gibt es größere, beachtenswerte regionale Differenzen?

Bevölkerungsentwicklung in den Kreisen: weitgehend stabil

Auch auf der Ebene der Kreise sind bei der Bevölkerungsentwicklung insgesamt keine größeren Veränderungen zu erwarten. Zum Vergleich werden die Zeitpunkte 2005, 2015 und 2025 herangezogen und jeweils die Veränderungen als Zunahme („+") oder Abnahme („-„) in Prozenten gekennzeichnet. Die Entwicklung in den einzelnen Kreisen verläuft zwar uneinheitlich, bleibt aber gering. Ersichtlich wird dies daran, dass die Vorzeichen für die Bevölkerungsentwicklung in den einzelnen Kreisen sich oft zwischen „+plus" und „- minus" abwechseln, wobei 2015 noch das Plus überwiegt, 2025 dann das Minus.

Tabelle 22: Bevölkerungsentwicklung in den Kreisen BW bis 2015 und 2025
(Angaben absolut und in Prozent der Veränderung gegenüber 2005)

Kreis		Bevölkerungszahl			Veränderung on %	
		2005	2015	2025	bis 2015	bis 2025
01	S Stuttgart	592.569	584.400	572.500	-1,4	-3,4
02	L Böblingen	372.155	372.700	367.700	+0,1	-1,2
03	L Esslingen	514.245	517.500	511.900	+0,6	-0,5
04	L Göppingen	257.783	255.700	251.300	-0,8	-2,5
05	L Ludwigsburg	513.317	518.200	513.700	+1,0	+0,1
06	L Rems-Murr	417.697	418.700	413.700	+0,2	-0,9
07	S Heilbronn	121.613	120.200	118.000	-1,1	-3,0
08	L Heilbronn	329.503	337.800	338.800	+2,5	+2,8
09	L Hohenlohe	109.718	110.100	109.100	+0,4	-0,5
10	L Schwäbisch-Hall	189.580	191.400	190.700	+1,0	+0,6
11	L Main-Tauber	137.259	135.000	132.000	-1,7	-3,8
12	L Heidenheim	135.174	131.400	127.500	-2,8	-5,7
13	L Ostalbkreis	316.760	314.800	310.300	-0,6	-2,1
14	S Baden-Baden	54.581	55.600	55.400	+1,9	+1,5
15	S Karlsruhe	285.263	284.800	282.100	-0,2	-1,1
16	L Karlsruhe	429.603	433.300	429.200	+0,9	-0,1
17	L Rastatt	228.408	229.600	227.000	+0,5	-0,6
18	S Heidelberg	142.993	141.800	138.600	-0,9	-3,0
19	S Mannheim	307.900	300.600	292.600	-2,4	-5,0
20	L Neckar-Odenwald	150.628	150.700	148.900	+0,0	-1,2
21	L Rhein-Neckar	533.993	535.500	528.500	+0,3	-1,0
22	S Pforzheim	119.021	117.600	115.300	-1,2	-3,1
23	L Calw	161.069	160.500	158.200	-0,4	-1,8
24	L Enzkreis	196.417	196.600	194.400	+0,1	-1,0
25	L Freudenstadt	122.579	123.100	121.900	+0,4	-0,6
26	S Freiburg	215.966	219.000	217.800	+1,4	+0,8
27	L Breisgau-Hoch.	249.535	254.400	254.200	+2,0	+1,9
28	L Emmendingen	156.728	159.500	159.200	+1,8	+1,6
29	L Ortenau	416.410	418.400	414.600	+0,5	-0,4
30	L Rottweil	142.148	142.000	140.500	-0,1	-1,1
31	L Schwarzwald-Baar	211.320	209.800	206.400	-0,7	-2,3
32	L Tuttlingen	135.297	136.300	135.500	+0,7	+0,2
33	L Konstanz	274.692	278.800	277.800	+1,5	+1,1
34	L Lörrach	221.357	222.200	219.500	+0,4	-0,8
35	L Waldshut	167.274	165.800	163.000	-0,9	-2,6
36	L Reutlingen	282.049	279.900	275.100	-0,8	-2,5
37	L Tübingen	216.477	217.100	214.800	+0,3	-0,8
38	L Zollernalb	192.722	189.000	184.600	-1,9	-4,2
39	S Ulm	120.625	122.300	122.800	+1,4	+1,8
40	L Alb-Donau	190.233	191.500	190.600	+0,7	+0,2
41	L Biberach	188.532	191.600	191.900	+1,6	+1,8
42	L Bodensee	205.446	208.700	208.100	+1,6	+1,3
43	L Ravensburg	275.677	277.700	275.600	+0,7	-0,0
44	L Sigmaringen	372.155	372.700	367.700	+0,1	-1,2
	Land insgesamt	**10.735.701**	**10.753.700**	**10.631.400**	**+0,2**	**-1,0**

Quelle: Statistisches Landesamt, Monatsheft Baden-Württemberg 6 /2007, S. 10)

Entscheidend ist aber, dass die Ausschläge nur selten die 2,0% übersteigen: für 2015 ist das nur im LK Heilbronn (+2,5%), LK Heidenheim (-2,8%) und in der Stadt Mannheim (-2,4%) der Fall. In den meisten Fällen bewegt sich die Bevölkerungsentwicklung in einer sehr geringen Spannweite von 0,0% (LK Neckar-Odenwald) bis +/-1,0% (LK Schwäbisch Hall). Solche geringfügigen Veränderungen können praktisch in der Zukunftsplanung für die Schulen vernachlässigt werden, was für 28 Kreise zutrifft (vgl. Tabelle 22, S. 64).

Bis 2025 sind verständlicherweise etwas größere Schwankungen möglich, obwohl auch für diese lange Zeitspanne der Eindruck der Stabilität überwiegt. Denn auch in diesem Zeitrahmen bleibt die Veränderung bei 17 Kreisen bei +/-1,0%; weitere 11 Kreise übersteigen nicht +/-2%. Stärkere Veränderungen werden nur für den LK Heidenheim (-5,7%), die Stadt Mannheim (-5,0%) sowie den Zollernalbkreis (-4,2%), auch für den Main-Tauber-Kreis (-3,8%) sowie Stuttgart (-3,4%) und Pforzheim (-3,1%) berechnet. Alle anderen Kreise verändern sich um weniger als +/-3,0%.

5.2 Konzept und Aufbau der Prognose zum Schülerpotential

Entsprechend der landesweiten Prognose sind zwischen 2010 und 2025 demographisch nur geringe Veränderungen zu erwarten. Für die Bevölkerung des Landes bleibt die offizielle Prognose (Basisvariante) über den gesamten Zeitraum fast völlig stabil, kann sich gegenüber der aktuellen Zahl zeitweise sogar gering erhöhen. Vor diesem Hintergrund erfolgt die Prognose für das zukünftige Schülerpotential in zwei Stufen:

- zuerst für das allgemeine demographische Potential an Schüler/innen,
- sodann für das spezifische Potential der verschiedenen Schulformen der Sekundarstufe.

Das allgemeine demographische Potential bestimmt sich über die Zahl der Geburten (Lebendgeborene) und die zahlenmäßige Stärke der Altersjahrgänge. Sie ist abhängig von der Gemeindegröße und der Geburtenrate. Das spezifische Potential für die Schulen in der Sekundarschule, welchen Zuschnitts auch immer, wird durch die Übergangsquoten als Ausdruck ihrer Akzeptanz bestimmt; dafür sind jeweils Varianten anzusetzen.

Als Grundlage für die Prognose des demographischen Potentials im Land, den Kreisen und den Gemeinden werden eine kurz- und eine langfristige Prognose erstellt und dafür jeweils zwecks Nachvollziehbarkeit zwei Werte herangezogen, die auf Schülerzahlen, Lebendgeborene und Altersgruppen zurückgreifen. Bei der kurzfristigen Prognose dienen die aktuellen Schülerzahlen in Klasse 1 bis 4 der Grundschule zur Orientierung, ihnen wird die Altersgruppe von 5 bis 9 Jahren gegenübergestellt. Daraus wird der Prognosewert für den Zeitraum von 2010 bis 2014 abgeleitet. Die langfristige Prognose geht von den Lebendgeborenen der Jahre 2003 bis 2007 aus und stellt sie der Altersgruppe unter 5 Jahren gegenüber. Daraus wird, unter Berücksichtigung der Differenz, der Prognosewert für die Jahre 2015 bis 2020 pro Kreis und Gemeinde berechnet.

Allgemeines demographisches Potential

Für die Versorgungsleistung wie für die Tragfähigkeit der Schulen sind die demographischen Daten über die Lebendgeborenen und Altersgruppen von großer Bedeutung, für die kurzfristige Prognose können auch die Schülerzahlen in der Grundschule herangezogen werden.

Grundschüler/innen in den Klassen 1 bis 4

Bei den Angaben zu den **Grundschüler/innen** handelt es sich um die Zahlen für die Klassen 1 bis 4 sowie deren Mittel im Schuljahr 2008/09: Im Land sind es insgesamt 419.964 und im Mittel 104.991 pro Jahrgang, d. h. rund 105.000 Schüler/innen als Merkgröße für das kurzfristige Potential zur Sekundarstufe in den Jahren 2010 bis 2014. Da die Schülerzahl der Grundschulen in den letzten Jahren zurückgegangen ist, sind sie alleine genommen für Prognosen unscharf. Daher sollten die Jahrgänge zwischen 5 und 9 Jahren ebenso als Grundlage für die Schätzung der kommenden Schülerzahlen herangezogen werden.

Altersgruppen zwischen 0 und 14 Jahren

Anhand der Zahlen für die Altersgruppen wird erkennbar, in welchem Umfang die Bevölkerung im schulischen Alter sich verändert hat. Zur Kennzeichnung des aktuellen Standes wie als Grundlage für die Prognose werden drei Altersgruppen herangezogen:

- unter 5 Jahre; sie kommen zwischen 2012 und 2017 in die Sekundarstufe,
- 5 bis 9 Jahre, entspricht weitgehend den Grundschulklassen 1 - 4 insgesamt.
- 10 bis 14 Jahre, entspricht annähernd der Schülerschaft in der Sekundarstufe I.

Der Vergleich dieser Altersgruppen zeigt auf, welche Veränderungen eingetreten sind. Auch hierbei wird ein Rückgang eindrücklich sichtbar: Bei den 10 bis 14jährigen beträgt 2008 die Gesamtzahl noch 578.523, bei den 5 bis 9jährigen hat sie sich auf 521.139 verringert und beläuft sich bei der Altersgruppen von 0 bis 4 Jahren nur auf 471.958. Dies bedeutet eine kurzfristige Verringerung um 10,0%, längerfristig sogar um 18,6%.

In den schulbezogenen Altersgruppen ist demnach, anders als bei der Bevölkerung insgesamt, eine beachtliche Abnahme abzusehen Die für den Besuch der Sekundarstufe maßgeblichen Altersjahrgänge weisen **kurzfristig** (2010 - 2014) noch eine deutlich höhere Anzahl auf als **längerfristig** für 2015 bis 2020. Das ist der ausschlaggebende Grund neben einer kurzfristigen Prognose (2010 - 2014) eine längerfristige Prognose (2015 bis 2020) vorzunehmen. Letztere steht im Mittelpunkt der weiteren Untersuchungen zur Schulentwicklung, weil die nachhaltige Tragfähigkeit der Schulen geklärt werden soll.

Das Mittel für die Altersgruppe von 5 bis 9 Jahren beläuft sich auf 104.228 Kinder, die somit das kurzfristige Schülerpotential für die Sekundarstufe sind, das Äquivalent zur Zahl der Grundschüler/innen. Beide Zahlen liegen für das Land nahe beieinander: Daher kann kurzfristig in den nächsten fünf Jahren für die Schulen der Sekundarstufe, wie gegliedert oder integriert auch immer, im Land mit einer Zahl zwischen 104.000 und 105.000 Schüler/innen pro Jahrgang gerechnet werden.

Lebendgeborene: langfristiger Prognosewert

Bei den Angaben zu den **Lebendgeborenen** werden der Trend und unterschiedliche Mittelwerte betrachtet, um die bisherige Entwicklung abzubilden und einen geeigneten langfristigen Prognosewert abzuleiten. Überwiegend bilden die Lebendgeborenen zehn Jahre später das Potential für die Eingangsklasse der Sekundarstufe (Klasse 5). Für die langfristige Prognose sind somit die Jahrgänge 2006, 2007 und 2008 maßgeblich, da sie das Potential für die Sekundarstufe ab 2016 darstellen.

Längerfristig hat die Zahl der Lebendgeborenen alljährlich abgenommen: von 106.178 im Jahr 2000 auf 91.909 Lebendgeborene 2008. Im Prognosezeitraum insgesamt ist auch nach den Zahlen der Lebendgeborenen eine erhebliche Abnahme im Schülerpotential für die Sekundarstufe zu erwarten, und zwar ein weiteres Minus von 13,4% zwischen 2010 und 2018. Allerdings hat sich in den letzten drei Jahren zwischen 2006 und 2008 die Zahl der Lebendgeborenen recht stabilisiert. Als Merkgröße ist demnach ein Umfang von 92.000 potentiellen Schüler/innen ab 2015 für die Eingangsklasse der Sekundarstufe anzusetzen.

Diesen Lebendgeborenen von 2006 bis 2008 entspricht weitgehend die Altersgruppe der 0 bis 4-Jährigen im Jahr 2008, die ebenfalls in den Jahren ab 2015 in der Sekundarstufe zu erwarten sind. Diese Altersgruppe umfasst 471.958 Kinder, also annähernd 472.000 Kinder. Das Mittel dieser Altersgruppe liegt mit 94.392 aber etwas höher als der analoge Wert für die Lebendgeborenen mit 91.909. Die Differenz von 2.483 für das Land stellt eine leichte Überschätzung dar.

Zwei Werte stehen somit für die langfristige Prognose zur Verfügung. Zur Bestimmung des Potentials in den Gemeinden wird auf die Lebendgeborenen zwischen 2006 bis 2008 zurückgegriffen. Es ist davon auszugehen, dass dieser Wert für die Jahre 2015 bis 2020 und darüber hinaus weitgehend stabil bleibt. Damit werden das langfristige Schülerpotential des Landes, der Kreise und Gemeinden bestimmt.

5.3 Kurzfristige Prognose: Schülerzahlen und Altersgruppe 5 bis 9 Jahre

Die Entwicklung der Grundschulen steht nicht im Mittelpunkt dieses Gutachtens, das hauptsächlich die Entwicklung für die Schularten der Sekundarstufe behandelt. Die Zahlen zur Schülerschaft in der Grundschule liefern aber die genaueste Auskunft über das Schülerpotential für die Sekundarstufe in den nächsten Jahren von 2010/11 bis 2013/14. Dafür werden die Schülerzahlen der Klassen 1 bis 4 herangezogen, wobei sie sukzessive in die Sekundarstufe wechseln: Schüler/innen der Klasse vier im Schuljahr 2008/09 sind das Potential für die Sekundarstufe im Schuljahr 2009/10, die der Klasse 1 werden im Schuljahr 2012/13 in die Sekundarstufe übertreten.

Schüler in den Klassen 1 bis 4 der Grundschulen zwischen 2005/06 bis 2008/09

Die Zahl der Schüler/innen in Klasse 1 der Grundschulen des Landes ist erstmals 2008/09 unter die Grenze von 100.000 gefallen, und zwar beträchtlich auf 97.257. In den Klassen 3 und 4 waren im gleichen Schuljahr noch 108.000 bzw. 109.000 Schüler/innen. Für das kurzfristig erwartbare Schülerpotential in der Sekundarstufe erfolgt zwischen 2010 bis 2013 eine merkliche Verringerung um gut 11.000 Schüler/innen, d.h. um etwa 10% (vgl. Tabelle 23, S. 68).

Seit 2005/06 ist die Gesamtzahl wie der klassenweise Durchschnitt beständig zurückgegangen. Je größer die Differenz nach den Klassen ausfällt, desto eher stellt der Mittelwert eine Überschätzung des zukünftigen Schülerpotentials dar. Erstmals war 2006/07 der Mittelwert geringer als die Klassenstärke in Klasse 4, gegenüber der Klasse 1 aber höher. Seitdem hat diese Differenz zugenommen und fällt 2008/09 erheblich aus: gegenüber der Klasse 1 beträgt sie 7.734 Schüler/innen. Für die nahe Zukunft stellen daher die Mittelwerte der Grundschülerschaft eine gewisse Überschätzung dar.

Tabelle 23: Grundschüler/innen in BW: Klasse 1 bis 4 (2005/06 – 2008/09)

Klasse der Grundschule	2005/06	2006/07	2007/08	2008/09
Klasse 1	111.364	108.668	104.408	97.257
Klasse 2	114.083	112.150	109.732	105.363
Klasse 3	116.744	113.188	111.266	109.043
Klasse 4	109.824	113.790	110.405	108.301
Insgesamt	452.015	447.796	435.811	419.964
Durchschnitt	**113.004**	**111.949**	**108.953**	**104.991**
Differenz zu Kl.4	+ 3.180	- 1.841	- 1.452	-3.310
Differenz zu Kl.1	+ 1.640	+ 3.281	+ 4545	+ 7.734

Quelle: Statistisches Landesamt 2009 und eigene Berechnungen.

Gemeinden ohne Grundschule

Die Schulentwicklung ist von der Gemeindeebene her zu betrachten. Dazu ist als erstes festzuhalten, wie viele Gemeinden keine Schule haben, denn die Übergänge werden auf die Schüler/innen der Grundschule bezogen. Insgesamt sind 85 Gemeinden ohne Grundschule. In diesen Fällen muss auf die Alters-Jahrgänge und Lebendgeborenen zurückgegriffen werden, insbesondere für die spezifischen Prognosen zum Übergang.

Altersgruppe von 5 bis 9 Jahren

In der amtlichen Statistik des Landes werden die einzelnen Jahrgangsstärken ausgewiesen und außerdem Altersgruppen über fünf Jahre gebildet. Für die Schulentwicklungsplanung, Bestandsanalyse wie Prognose, sind die ersten drei Altersgruppen von Interesse: die 0 bis 4-jährigen, die 5 – 9-jährigen und die 10 bis 14jährigen. Sie entsprechen grob dem Krippen- und Kindergartenalter, dem Grundschulalter und dem Sekundarschulalter.

Die jeweilige Summe der Altersgruppe kann durch fünf dividiert werden und ergibt dann die Größenordnung für die jeweils mittlere Jahrgangsstärke. Es ist aufschlussreich, besonders bei starken Veränderungen der Altersjahrgänge, zu klären, inwieweit die jüngeren Jahrgänge vom Mittelwert abweichen, um bei den weiteren Berechnungen Über- und Unterschätzungen zu erkennen.

Diese Operation ist für die Jahre 2005 und 2008 möglich, weil dafür auch die Daten für die Einzeljahrgänge zugänglich waren. Der Wert für die Altersgruppe von 5 – 9 beläuft sich im Jahr 2008 auf insgesamt 521.139 Kinder: im Schnitt sind dies 104.228 pro Jahrgang. Dahinter verbirgt sich ein starker Rückgang von 110.441 bei den 9jährigen auf nur noch 98.514 bei den 5-Jährigen; der Rückgang ist demnach ähnlich stark wie bei den Grundschüler/innen zwischen Klasse 1 und 4 (vgl. Tabelle 24, S. 70).

Auf die Sekundarstufe bezogen, werden die 5 – 9Jährigen in den kommenden fünf Jahren in sie eintreten, d.h. beim Bezugsjahr 2008 in den Jahren 2009/10 bis 2014/15. Entsprechend werden die 0 – 4Jährigen erst in sechs bis zehn Jahren in der Sekundarstufe erwartet, d.h. im interessierenden Zeitraum 2014/15 bis 2019/20. Zwischen dem kurzfristigen Prognoseraum anhand der 5 – 9Jährigen und dem langfristigen Prognoseraum anhand der 0 – 4Jährigen wird ein Rückgang im Jahrgangsmittel von 104.228 auf 94.392 sichtbar.

Tabelle 24: Altersgruppen in BW: 0 - 4, 5 - 9, 10 - 14 Jahre (2005 + 2008)

Jahrgänge und Altersgruppen	2005	2006	2007	2008
unter 1 Jahr	94.424			92.356
1 Jahr	97.531			93.724
2 Jahre	98.547			93.039
3 Jahre	100-761			95.167
4 Jahre	103.275			97.672
Altersgruppe 0 - 4	**494.538**	**483.989**	**477.271**	**471.958**
Mittel 0 - 4	**98.908**	**96.798**	**95.454**	**94.392**
5 Jahre	108.492			98.514
6 Jahre	110.529			100.600
7 Jahre	113.430			103.093
8 Jahre	118.012			108.491
9 Jahre	116.235			110.441
Altersgruppe 5 - 9	**566.698**	**553.590**	**536.159**	**521.139**
Mittel 5 -9	**113.340**	**110.718**	**107.232**	**104.228**
10 Jahre	114.392			113.462
11 Jahre	115.674			118.181
12 Jahre	119.999			116.386
13 Jahre	121.528			114.624
14 Jahre	124.304			115.870
Altersgruppe 10 - 14	**595.897**	**587.669**	**584.831**	**578.523**
Mittel 10 - 14	**119.179**	**117.534**	**116.966**	**115.705**

Quelle: Statistisches Landesamt 2009 und eigene Berechnungen. Jahrgangsweise Daten sind für 2006 und 2007 nicht verfügbar.

Vergleich Grundschulklassen und Altersgruppe

Hinsichtlich der kurzfristigen Prognose für die kommenden Jahre 2010 bis 2014 ist ein Vergleich der Daten für die Klassenstärke in den Grundschulen und der analogen Altersgruppe von 5 bis 9 Jahren vorzunehmen, um mögliche Abweichungen berücksichtigen zu können. Die Unterschiede sind im Vergleich der Mittelwerte sehr gering. Die Grundschulen weisen im Mittel 113.004 Schüler/innen im Schuljahr 2005/06 und 104.991 Schüler/innen im Schuljahr 2008/09 auf; bei den Altersgruppen liegt das Mittel für die 5 – 9jährigen 2005 bei 113.340 und im Jahr 2008 bei 104.228. Die Differenz beläuft sich demnach, auf das ganze Land bezogen, auf nicht mehr als +336 für 2005/06 und auf –763 für 2008/09, d. h. im ersten Zeitpunkt sind die Altersgruppen, im zweiten Zeitpunkt die Grundschüler/innen zahlenmäßig etwas stärker.

Ableitung für die kurzfristige Prognose

Für die kurzfristige Prognose sind demnach beide Ausgangsdaten, die Grundschüler/innen wie die Altersgruppe von 5 - 9 Jahren, von ähnlicher Güte. Da die Altersgruppen einen längeren Zeitraum (um 1 Jahr) umfassen, stellen deren Mittelwerte aber eher eine leichte Überschätzung des kommenden Schülerpotentials dar. Es werden daher bei der kurzfristigen Prognose für die Kreise und Gemeinden beide Werte benutzt, den Grundschuldaten aber der Vorrang eingeräumt. Allerdings ist zu beachten, dass dieser Schnitt für den gesamten Zeitraum zwar vertretbar ist, zum Ende der Zeitphase aber eine gewisse Überschätzung hinsichtlich des allgemeinen Schülerpotentials für die Sekundarstufe hingenommen wird.

Altersgruppen auf der Kreisebene

Für die 44 Kreise des Landes werden die Altersgruppen von 5 bis 9 Jahren und von 0 bis 4 Jahren dargestellt, ihr Mittel berechnet und die jeweilige Differenz ausgewiesen: Sie umfasst den Trend zwischen der kurzfristigen und der langfristigen Prognose. Für das Land insgesamt ergibt sich dabei für die 5 bis 9jährigen die Zahl von 106.798 und für die 0 bis 4 jährigen die Zahl von 95.016. Damit ist ein negativer Trend von insgesamt 11.782 potentiellen Schüler/innen weniger zwischen der kurzfristigen und der langfristigen Prognose anzusetzen, was einer landesweiten Verringerung um 11,0% entspricht (vgl. Tabelle 25, S. 72).

Hinsichtlich des Umfangs wie der Entwicklung bei den beiden Altersgruppen bestehen zwischen den 44 Kreisen im Land beachtenswerte Unterschiede. Die absolute Zahl entspricht weitgehend der jeweiligen Bevölkerung in den einzelnen Kreisen. Bemerkenswerter ist der Unterschied im Rückgang zwischen der älteren und jüngeren Alterskohorte. Es gibt sogar einige Kreise, die entgegen dem allgemeinen Trend eine Zunahme, wenngleich meist sehr gering, aufweisen können: Es sind die sechs Stadtkreise Stuttgart (+5,9%), Karlsruhe (+3,4%), Heidelberg (+7,0%), Mannheim (+0,2%), Freiburg (+5,5%) und Ulm (+0,9%). Demgegenüber ist eine überproportionale Verringerung zwischen den beiden Altersgruppen für den Enzkreis (-21%), die Kreise Calw und Sigmaringen (jeweils -18%) sowie LK Heilbronn und Lörrach (jeweils – 17%) festzustellen.

Tabelle 25: Altersgruppen 5 – 9 Jahre und 0 – 4 Jahre mit Mittelwerten und Differenz für die Kreise in Baden-Württemberg (Stichtag: 31. 12. 2007)

Kreis		Altersgruppe 2007		Mittelwerte (durch 5)		Trend-Differenz
		0 - 4	5 - 9	0 - 4	5 - 9	
01	S Stuttgart	25.678	24.243	5.135	4.848	+287 (+ 5,9%)
02	L Böblingen	17.492	19.612	3.487	3.910	-423 (-10,8%)
03	L Esslingen	23.893	25.850	4.758	5.155	-397 (- 7,7%)
04	L Göppingen	11.012	12.972	2.185	2.581	-396 (-15,3%)
05	L Ludwigsburg	24.298	26.350	4.844	5.254	-410 (- 7,8%)
06	L Rems-Murr	18.888	21.468	3.768	4.282	-514 (-12,0%)
07	S Heilbronn	5.597	5.705	1.119	1.141	-22 (- 1,9%)
08	L Heilbronn	15.076	18.176	2.995	3.618	-623 (-17,2%)
09	L Hohenlohe	5.036	5.941	1.001	1.181	-180 (-15,2%)
10	L Schwäbisch-Hall	8.900	10.295	1.769	2.046	-277 (-13,5%)
11	L Main-Tauber	5.707	6.691	1.133	1.333	-200 (-15,0%)
12	L Heidenheim	5.581	6.717	1.113	1.338	-225 (-16,8%)
13	L Ostalbkreis	14.464	17.151	2.877	3.416	-539 (-15,8%)
14	S Baden-Baden	1.969	2.146	393	429	-36 (- 8,4%)
15	S Karlsruhe	12.093	11.698	2.418	2.339	+79 (+ 3,4%)
16	L Karlsruhe	18.551	21.633	3.695	4.314	-619 (-14,3%)
17	L Rastatt	9.486	11.209	1.887	2.233	-346 (-15,5%)
18	S Heidelberg	5.603	5.050	1.120	1.010	+110 (+ 7,0%)
19	S Mannheim	13.093	13.070	2.618	2.614	+4 (+ 0,2%)
20	L Neckar-Odenwald	6.464	7.528	1.280	1.492	-212 (-14,2%)
21	L Rhein-Neckar	23.066	25.905	4.593	5.161	-568 (-11,0%)
22	S Pforzheim	5.230	5.611	1.046	1.122	-76 (- 9,3%)
23	L Calw	7.022	8.542	1.394	1.700	-306 (-18,0%)
24	L Enzkreis	8.329	10.568	1.659	2.100	-441 (-21,0%)
25	L Freudenstadt	5.485	6.302	1.091	1.254	-163 (-13,0%)
26	S Freiburg	9.639	9.130	1.927	1.826	+101 (+ 5,5%)
27	L Breisgau-Hoch.	11.260	13.009	2.234	2.582	-348 (-13,5%)
28	L Emmendingen	7.129	8.162	1.412	1.623	-211 (-13,0%)
29	L Ortenau	18.708	21.685	3.717	4.315	-598 (-13,9%)
30	L Rottweil	6.404	7.540	1.272	1.500	-228 (-15,2%)
31	L Schwarzwald-Baar	9.005	10.349	1.793	2.062	-269 (-13,0%)
32	L Tuttlingen	6.658	7.458	1.319	1.479	-160 (-10,8%)
33	L Konstanz	11.273	13.094	2.243	2.606	-363 (-13,9%)
34	L Lörrach	9.441	11.428	1.877	2.272	-395 (-17,4%)
35	L Waldshut	7.500	8.863	1.489	1.758	-269 (-15,3%)
36	L Reutlingen	12.600	14.548	2.509	2.900	-391 (-13,5%)
37	L Tübingen	9.964	11.065	1.985	2.209	-224 (-10,1%)
38	L Zollernalb	8.071	9.541	1.605	1.899	-294 (-15,5%)
39	S Ulm	5.444	5.390	1.088	1.078	+10 (+ 0,9%)
40	L Alb-Donau	9.289	10.879	1.840	2.156	-316 (-14,7%)
41	L Biberach	9.260	10.785	1.838	2.139	-301 (-14,1%)
42	L Bodensee	8.847	10.296	1.758	2.050	-292 (-14,2%)
43	L Ravensburg	12.729	15.154	2.534	3.013	-479 (-15,9%)
44	L Sigmaringen	6.037	7.355	1.198	1.460	-262 (-17,9%)
	Land insgesamt	**477.271**	**536.159**	**95.016**	**106.798**	**-11.782 (-11,0%)**

Quelle: Statistisches Landesamt, Monatsheft Baden-Württemberg 6 /2007, S. 10 und eigene Berechnungen).

Jahrgangsbreiten der Altersgruppen in den Gemeinden

Für die Bestimmung des zahlenmäßigen Umfangs der **Altersjahrgänge in den Gemeinden** standen die **Daten für 2007** zur Verfügung (die kommunalen Angaben für 2008 konnten nicht übermittelt werden). Wie die allgemeinen Daten des Landes zeigen, wären damit aber keine wesentlichen Änderungen zu erwarten. Für die Einstufung der Jahrgangsstärken als Potential für die **zukünftige Schülerzahl in den Gemeinden** wurde das Mittel der Altersgruppen von 5 – 9 und von 0 – 4 berechnet und gegenübergestellt (vgl. Tabelle 26, S. 74).

Mit diesen Berechnungen soll die Frage beantwortet werden, welches Schülerpotential die einzelnen Gemeinden zukünftig erwarten können, einerseits wiederum kurzfristig zwischen 2010 bis 2014, andererseits langfristig zwischen 2015 bis 2020. Ersteres geschieht anhand der Altersgruppe von 5 bis 9 Jahren, letzteres anhand der Altersgruppe von 0 bis 4 Jahren. Die erwartbare Jahrgangsbreite wird in Fünfergruppen zusammengefasst, weil dadurch die kritischen Größen für die Klassenbildung (ab 16 Schüler/innen) und die Zweizügigkeit (ab 31 Schüler/innen) als Grenzen erkennbar werden. Auch die weiteren Stufen des allgemeinen Schülerpotentials für 3 Züge (ab 61 Schüler/innen) oder für 4 und mehr Züge (ab 91 bzw. 121 Schüler/innen) ist aufschlussreich, weil es aufzeigt, welche Tragfähigkeiten in den einzelnen Kommunen prinzipiell vorhanden sind.

Für die kurzfristige Prognose zum Schülerpotential anhand der Altersgruppe der 5 -9 Jährigen ist festzuhalten, dass insgesamt 325 Gemeinden keine 31 Kinder im Schnitt aufweisen werden; das sind 29,3% aller Gemeinden und somit mehr als ein Viertel (jede zehnte Gemeinde hat sogar weniger als 16 Kinder im Jahrgang). Ebenfalls ist festzuhalten, dass 653 Gemeinden, 59,3% von allen, nicht das Schülerpotential für drei Züge erreichen, weil die Jahrgangsbreite unter 61 Kindern bleibt. Nicht mehr als 202 Gemeinden weisen im Schnitt mehr als 120 Kinder in diesem Alter auf und haben damit ein Potential für zumindest 5 Züge.

Im Hinblick auf die langfristige Prognose anhand der Altersgruppe von 0 bis 4 Jahren haben nach dem letzten Stand (2007) noch mehr Gemeinden eine geringere Jahrgangsbreite als 15 Kinder aufzuweisen: Es sind 147 Gemeinden. Weitere 277 Gemeinden bleiben unter der Jahrgangsbreite von 31 Kindern. Somit werden langfristig 424 Gemeinden, das sind 38,2% aller 1.109 Gemeinden im Land, eigenständig nicht das Potential für eine zweizügige Schule aufbringen. Weitere 309 Gemeinden bleiben unter 61 Kindern im Jahrgang, erreichen demnach nicht die gesicherte Dreizügigkeit. Nur noch 167 Gemeinden (13%) werden langfristig mit einem eigenen Schülerpotential rechnen können, das für fünf und mehr Schulzüge ausreicht (über 120 Kinder).

Tabelle 26: Jahrgangsbreite nach Altersgruppen in den Gemeinden von BW (2007)

Jahrgangsbreite: Zahl (* Anzahl)	Alter 5 – 9 (kurz)			Alter 0 – 4 (lang)		
	Gemeinden*	Prozent	Kumuliert	Gemein-den*	Prozent	Kumuliert
0 bis 5	29	2,6	2,6	37	3,3	3,3
6 bis 10	42	3,8	6,4	50	4,5	7,8
11 bis 15	45	4,1	10,5	60	5,4	13,2
Zw.summe 0 – 15	**116**	**10,5**	**10,5**	**147**	**13,2**	**13,2**
16 bis 20	35	3,2	13,6	73	6,6	19,8
21 bis 25	87	7,8	21,5	99	8,9	28,8
26 bis 30	87	7,8	29,3	105	9,5	38,2
Zw.summe 16 - 30	**209**	**18,8**	**29,3**	**277**	**25,0**	**38,2**
31 bis 35	52	4,7	34,0	36	3,2	41,5
36 bis 40	53	4,8	38,8	59	5,3	46,8
41 bis 45	55	5,0	43,7	72	6,5	53,3
Zw.summe 31 - 45	**160**	**14,5**	**43,7**	**167**	**15,0**	**53,3**
46 bis 50	46	4,1	47,9	55	5,0	58,3
51 bis 55	68	6,1	54,0	37	3,3	61,6
56 bis 60	59	5,3	59,3	50	4,5	66,1
Zw.summe 46 - 60	**173**	**15,5**	**59,3**	**142**	**12,8**	**66,1**
61 bis 65	23	2,1	61,4	25	2,3	68,3
66 bis 70	30	2,7	64,1	26	2,3	70,7
71 bis 75	38	3,4	67,5	23	2,1	72,8
Zw.summe 61 - 75	**91**	**8,2**	**67,5**	**74**	**6,7**	**72,8**
76 bis 80	17	1,5	69,1	20	1,8	74,6
81 bis 85	23	2,1	71,1	19	1,7	76,3
86 bis 90	23	2,1	73,2	19	1,7	78,0
Zw.summe 76 – 90	**63**	**5,7**	**73,2**	**58**	**5,2**	**78,0**
91 bis 95	14	1,3	74,5	20	1,8	79,8
96 bis 100	20	1,8	76,3	16	1,4	81,2
101 bis 105	14	1,3	77,5	14	1,3	82,5
Zw.summe 91 - 105	**48**	**4,4**	**77,5**	**50**	**4,5**	**82,5**
106 bis 110	16	1,4	79,0	9	0,8	83,3
111 bis 115	16	1,4	80,4	11	1,0	84,3
116 bis 120	15	1,4	81,8	7	0,6	84,9
Zw.summe 106 - 120	**47**	**4,2**	**81,8**	**27**	**2,4**	**84,9**
121 bis 130	23	2,1	83,9	23	2,1	87,0
über 130	179	16,1	100,0	144	13,0	100,0
Insgesamt	**1.109**	**100,0**		**1.109**	**100,0**	

Quelle: Statistisches Landesamt Baden-Württemberg und eigene Berechnungen

Folgen für kommunales Schülerpotential bei unterschiedlichen Übergangsquoten

Anhand der Gemeindedaten zum allgemeinen Schülerpotential kann abgeschätzt werden, wann es bei unterschiedlicher Nachfrage eine hinreichende Tragfähigkeit der Schulen erreicht. Dazu sind die möglichen Übergangsquoten an die Gesamtwerte anzulegen, seien es 25% für die Hauptschule, 35% für die Realschule, 45% für das Gymnasium oder 55% für die Verbundschule und 90% für die Sekundarschule. Rasch ist berechnet, dass bei 25% Nachfrage das Schülerpotential zumindest 120 Kinder umfassen muss, um wenigsten 30 Schüler zu erreichen. Dies ist längerfristig nur noch bei 167 Gemeinden der Fall; nur sie sind demnach ab 2015 allein im Stand, bei solcher Übergangsquote eine Hauptschule vorzuhalten. Demgegenüber können bei 55% Nachfrage bereits alle Gemeinden mit mehr als 61 Kindern eine Verbundschule kommunal tragfähig vorhalten: Das sind 376 Gemeinden und damit weit mehr mit einem gesicherten und oftmals auch erweiterten Schulangebot.

5.4 Langfristige Prognose: Lebendgeborene und Altersgruppe 0 bis 4 Jahre

Für die Lebendgeborenen liegen auf der Gemeindeebene Daten von 2003 bis 2007 vor; für Land und Kreise ermöglicht die Datenbank des Statistischen Landesamtes auch den Einbezug von 2008. Für die Prognose war daher vorab zu prüfen, inwieweit die Werte verschiedener Geburtsjahrgänge übereinstimmen; diese Prüfung ist vor allem im Hinblick auf den Vergleich einer Mittelwertbildung der beiden Jahrgänge von 2006 plus 2007 gegenüber den letzten drei Jahrgängen von 2006 bis 2008 wichtig. Denn bleibt die Differenz vernachlässigbar gering, dann kann auf das Mittel der Lebendgeborenen von 2006 + 2007 zurückgegriffen werden. Sie können dann verlässlich zur langfristigen Prognose für das Land, die Kreise und die Kommunen genutzt werden. Ergänzend kann zur Überprüfung der Belastbarkeit der Daten auch noch der Vergleich zum Altersjahrgang unter 1 Jahr vorgenommen werden.

Allgemeine Zahlen und Vergleiche zu den Lebendgeborenen

Im Jahr 1990 gab es noch 118.579 Lebendgeborene im Land, der Höchststand in der Zeitreihe seit 1975. Seitdem ist deren Zahl kontinuierlich zurückgegangen. Sie belief sich 1995 auf 112.459, dann im Jahr 2000 auf 106.178; im Jahr 2004 wurde die Zahl von 100.000 mit 99.603 knapp unterschritten. Der Rückgang hielt bis 2006 an und war auf 91.955 Lebendgeborene gefallen. Zwar gab es 2007 einen geringen Wiederanstieg auf 92.823, aber für 2008 ist erneut ein gewisser Rückgang auf 91.909 Lebendgeborene eingetreten.

An diesen Verlaufszahlen zu den Lebendgeborenen ist zu ersehen, dass in den letzten drei Jahren kaum noch Veränderungen vorgekommen sind. Insofern müssten die beiden Mittelwerte für den Zeitraum von 2006 plus 2007 oder von

2006 bis 2008 nahezu übereinstimmen. Dies ist in der Tat der Fall: Sie belaufen sich auf 92.389 (2006 + 2007) und auf 92.229 (2006 – 2008), d. h. eine Differenz von nur +169 landesweit für die Daten, die zur Prognose verwendet werden. Es ist eine vernachlässigbar geringe Differenz.

Die Betrachtung des Altersjahrgangs unter 1 Jahr führt ebenfalls zu einer klaren Bestätigung der zur Prognose verwendeten Daten. Die Datenbank vermittelt dazu: 2000 sind es 106.304, dann 2005 noch 94.424 und schließlich 2008 nur 92.356. Die Übereinstimmung mit der Zahl Lebendgeborener ist auffällig: 2008 besteht zum Mittelwert 2006 + 2007 nur eine Differenz von +127 zugunsten der Altersgruppe. Auch diese Differenz fällt für prognostische Absichten nicht ins Gewicht.

Kreisebene: Lebendgeborene 2006 bis 2008

Auch auf der Kreisebene sind bei den Lebendgeborenen keine gravierenden Änderungen zwischen 2006 und 2008 zu verzeichnen; ebenfalls bleiben die unter 1jährigen in den gleichen Größenordnungen wie die Zahl der Lebendgeborenen. Stets hat der SK Baden-Baden die geringste Zahl und der SK Stuttgart die höchste Zahl aufzuweisen (vgl. Tabelle 27).

Der Vergleich der beiden Mittelwerte für die Lebendgeborenen (2006 – 2008 vs. 2006 + 2007) führt in drei Kreisen zu völlig gleichen Resultaten. In den meisten anderen Kreisen bleibt die Differenz sehr gering: unter plus-minus 1 Prozent. Nur in drei Kreisen treten etwas größere Differenzen auf (SK Heidelberg, LK Neckar-Odenwald und LK Zollernalb), übersteigen aber in keinem Fall den Wert von 60. Insofern ist es berechtigt, das Mittel der Lebendgeborenen von 2006 und 2007 als langfristigen Prognosewert für Kreise und Gemeinden zu verwenden.

Tabelle 27: Lebendgeborene 2006 bis 2008 sowie Alter unter 1 Jahr für 2008: Absolutzahlen und Mittelwertvergleiche für die Kreise in Baden-Württemberg

Kreis		Lebendgeborene			bis 1 Jahr	Mittel	Mittel
		2006	2007	2008	2008	06 - 08	06 - 07
01	S Stuttgart	5.495	5.521	5.523	5.488	5.513	5.508
02	L Böblingen	3.453	3.327	3.399	3.419	3.393	3.390
03	L Esslingen	4.636	4.635	4.600	4.603	4.624	4.636
04	L Göppingen	2.150	2.040	2.073	2.088	2.088	2.095
05	L Ludwigsburg	4.701	4.811	4.733	4.767	4.748	4.756
06	L Rems-Murr	3.540	3.516	3.419	3.432	3.492	3.528
07	S Heilbronn	1.106	1.165	1.076	1.076	1.116	1.136
08	L Heilbronn	2.782	2.810	2.761	2.795	2.784	2.796
09	L Hohenlohe	936	986	984	976	969	961
10	L Schwäbisch-Hall	1.689	1.679	1.650	1.656	1.673	1.684
11	L Main-Tauber	1.039	1.055	1.071	1.090	1.055	1.047
12	L Heidenheim	1.044	1.078	1.017	1.033	1.046	1.061
13	L Ostalbkreis	2.756	2.773	2.702	2.703	2.744	2.765
14	S Baden-Baden	390	377	364	366	377	384
15	S Karlsruhe	2.481	2.598	2.600	2.559	2.560	2.540
16	L Karlsruhe	3.535	3.504	3.535	3.551	3.525	3.520
17	L Rastatt	1.751	1.808	1.718	1.728	1.759	1.780
18	S Heidelberg	1.184	1.216	1.301	1.293	1.234	1.200
19	S Mannheim	2.680	2.777	2.794	2.746	2.750	2.729
20	L Neckar-Odenwald	1.206	1.208	1.066	1.066	1.160	1.207
21	L Rhein-Neckar	4.467	4.430	4.388	4.406	4.428	4.449
22	S Pforzheim	1.080	1.043	1.043	1.039	1.055	1.062
23	L Calw	1.292	1.289	1.291	1.301	1.291	1.291
24	L Enzkreis	1.466	1.514	1.539	1.544	1.506	1.490
25	L Freudenstadt	1.014	1.015	1.054	1.049	1.028	1.015
26	S Freiburg	1.972	2.041	2.067	2.025	2.027	2.007
27	L Breisgau-Hoch.	2.128	2.128	2.067	2.086	2.108	2.128
28	L Emmendingen	1.348	1.291	1.316	1.337	1.318	1.320
29	L Ortenau	3.556	3.618	3.546	3.569	3,573	3.587
30	L Rottweil	1.189	1.242	1.232	1.231	1.221	1.216
31	L Schwarzwald-Baar	1.702	1.764	1.744	1.743	1.737	1.733
32	L Tuttlingen	1.266	1.278	1.317	1.329	1.287	1.272
33	L Konstanz	2.121	2.234	2.176	2.203	2.177	2.178
34	L Lörrach	1.690	1.796	1.788	1.863	1.758	1.743
35	L Waldshut	1.319	1.374	1.355	1.465	1.349	1.347
36	L Reutlingen	2.416	2.376	2.344	2.361	2.379	2.396
37	L Tübingen	1.973	1.951	1.954	1.948	1.959	1.962
38	L Zollernalb	1.576	1.590	1.414	1.426	1.527	1.583
39	S Ulm	1.138	1.165	1.153	1.154	1.152	1.152
40	L Alb-Donau	1.731	1.693	1.746	1.760	1.723	1.712
41	L Biberach	1.718	1.788	1.694	1.734	1.733	1.753
42	L Bodensee	1.609	1.762	1.750	1.775	1.707	1.686
43	L Ravensburg	2.465	2.413	2.443	2.460	2.440	2.439
44	L Sigmaringen	1.165	1.144	1.102	1.113	1.137	1.155
	Land insgesamt	**91.955**	**92.823**	**91.909**	**92.356**	**92.229**	**92.389**

Quelle: Statistisches Landesamt, Monatsheft Baden-Württemberg 6 /2007, S. 10.

Lebendgeborene in den Gemeinden

Die Lebendgeborenen in den Gemeinden lassen erkennen, mit welcher potentiellen Schülerzahl langfristig gerechnet werden kann. Es wird dabei analog verfahren wie bei den Altersgruppen: Ihre Zahl wird jeweils in Fünfergruppen unterteilt, um den Kriterien für die Klassenbildung (ab 16 Schüler/innen), der Zweizügigkeit (ab 31 Schüler/innen) oder der Mehrzügigkeit (ab 61 Schüler/innen) zu entsprechen.

Für die Gemeinden wurden zwei Varianten berechnet, um deren Folgen für die Einstufung zu ersehen: Zum einen wurde der Mittelwert über die gesamte Zeitreihe der Lebendgeborenen von 2003 bis 2007 erstellt, zum anderen der Mittelwert für die beiden letzten verfügbaren Jahrgänge von 2006 und 2007. Es ist zu erwarten, dass bei letzterem Wert langfristig mehr Gemeinden unter der kritischen Größe für die Zweizügigkeit (31 Schüler/innen) bleiben. In der Tabelle 28 wird vergleichend aufgezeigt, welche Anzahl Gemeinden bei der jeweiligen Zahl an Lebendgeborenen bestehen (vgl. Tabelle 28, S. 79).

Bei der Berücksichtigung des Mittelwertes der Lebendgeborenen zwischen 2003 und 2007 bleiben 430 Gemeinden unter dem Schülerpotential für die Zweizügigkeit – das sind 39 Prozent. Immerhin 369 Gemeinden haben langfristig das Schülerpotential für eine drei- und mehrzügige Schule, d.h. über 60 Lebendgeborene im Schnitt. Allerdings sind es nicht mehr als 157 Gemeinden (entspricht 14% aller Gemeinden), die langfristig noch über 120 Schüler/innen pro Jahr für die Sekundarstufe erwarten können.

Von größerem Interesse sind freilich die Angaben anhand des Mittelwertes für die Lebendgeborenen von 2006 + 2007, weil sie als zutreffender für den Zeitraum von 2015 bis 2020 anzusehen sind. Insgesamt sind es dann 175 Gemeinden, deren Zahl an Lebendgeborenen nicht die Zahl 16 erreicht, die als Regel für die Einzügigkeit gilt (jahrgangsbezogene Klassenbildung): Das sind etwa 16% aller 1.109 Gemeinden. Unter der Zahl von 31 Lebendgeborenen im Jahrgang bleiben insgesamt 441 Gemeinden: Ein beachtlicher Anteil von 40% der Gemeinden in Baden-Württemberg bringt demnach zukünftig ab 2015 eigenständig nicht das Potential für eine zweizügige Schule auf. Nicht mehr als 353 Gemeinden, d.h. nur 31% von allen, haben allein ein Schülerpotential, das für eine Dreizügigkeit oder mehr ausreichen würde. Darunter sind nur 147 Gemeinden, die sogar über 120 Schüler/innen für die Sekundarstufe ab 2015 aufweisen können. Es wird ersichtlich, dass in langfristiger Perspektive die allermeisten Gemeinden ein Schülerpotential haben werden, die allein nicht für eine Mehrzügigkeit der Schulen hinreichen wird, zumal wenn sich mehrere Schulformen diese Potential teilen müssen.

Tabelle 28: Lebendgeborene in den Gemeinden BW: 2003 – 2007 und 2006+2007

Lebendgeborene	2003 – 2007 (Mittelwert)			2006 + 2007 (Mittelwert)		
	Anzahl Gemeinden	Prozent	Kumuliert	Anzahl Gemeinden	Prozent	Kumuliert
bis 5	44	4,0	4,0	51	4,6	4,6
6 bis 10	48	4,3	8,3	50	4,5	9,1
11 bis 15	64	5,8	14,1	74	6,7	15,8
Zw. Summe 0 - 15	**156**	**14,1**	**14,1**	**175**	**15,8**	**15,8**
16 bis 20	87	7,8	21,9	77	6,9	22,7
21 bis 25	103	9,3	31,2	107	9,6	32,4
26 bis 30	84	7,6	38,8	82	7,4	39,8
Zw. Summe 16 - 30	**274**	**24,7**	**38,8**	**266**	**23,9**	**39,8**
31 bis 35	48	4,3	43,1	59	5,3	45,1
36 bis 40	55	5,0	48,1	61	5,5	50,6
41 bis 45	80	7,2	55,3	58	5,2	55,8
Zw.summe 31 -45	**139**	**16,5**	**55,3**	**178**	**16,0**	**55,8**
46 bis 50	38	3,4	58,7	52	4,7	60,5
51 bis 55	50	4,5	63,2	42	3,8	64,3
56 bis 60	39	3,5	66,7	43	3,9	68,2
Zw.summe 46 - 60	**127**	**11,4**	**66,7**	**137**	**12,4**	**68,2**
61 bis 65	31	2,8	69,5	23	2,1	70,2
66 bis 70	22	2,0	71,5	33	3,0	73,2
71 bis 75	27	2,4	73,9	16	1,4	74,7
Zw.summe 61 - 75	**80**	**7,2**	**73,9**	**72**	**6,5**	**74,7**
76 bis 80	17	1,5	75,5	16	1,4	76,1
81 bis 85	20	1,8	77,3	21	1,9	78,0
86 bis 90	20	1,8	79,1	20	1,8	79,8
Zw.summe 76 - 90	**57**	**5,1**	**79,1**	**57**	**5,1**	**79,8**
91 bis 95	18	1,6	80,7	16	1,4	81,2
96 bis 100	12	1,1	81,8	14	1,3	82,5
101 bis 105	14	1,3	83,0	12	1,1	83,6
Zw.summe 91 - 105	**44**	**4,0**	**83,0**	**42**	**3,8**	**83,6**
106 bis 110	9	0,8	83,9	10	0,9	84,5
111 bis 115	10	0,9	84,8	10	0,9	85,4
116 bis 120	12	1,1	85,8	15	1,4	86,7
Zw.summe 106 - 120	**31**	**2,8**	**85,8**	**35**	**3,2**	**86,7**
121 bis 130	19	1,7	87,6	14	1,3	88,0
über 130	138	12,4	100,0	133	12,0	100,0
Insgesamt	**1109**	**100,0**		**1109**	**100,0**	

Quelle: Statistisches Landesamt 2009 und eigene Berechnungen

Langfristiges Potential und Übergänge

Bei dieser langfristigen Prognose ist es noch aufschlussreicher, an die Daten die möglichen Übergangsquoten für die verschiedenen Schulformen anzulegen. Diese können sich wiederum bei der Hauptschule auf 20% bzw. 25% belaufen, bei der Realschule 35% und bei den Gymnasien 45% erreichen; entsprechend wären für die Verbundschule 55% anzusetzen und für die Sekundarschule dann 85% bis 90%. Wird für die Haupt-/Werkrealschule zumindest Zweizügigkeit in der Regel vorausgesetzt, dann können bei einer Übertrittsquote von 25% nicht einmal mehr als 147 Gemeinden, das sind 12%, diese Schulart eigenständig vorhalten. Viel mehr Gemeinden könnten dann eine Realschule allein anbieten: Bei 35% wären es 224 Gemeinden. Eine zweizügige Verbundschule könnte bei einem Übergang von 55% in immerhin 396 Gemeinden eingerichtet werden. Diese Einschätzung weist darauf hin, dass eine Verbundschule weit häufiger wohnortnah und tragfähig eingerichtet werden kann.

5.5 Zukünftiges Schülerpotential und Prognoseblatt

Die verschiedenen Verfahren zur Bestimmung des kurzfristigen wie längerfristigen allgemeinen Schülerpotentials für die Sekundarstufe, seien es die des Landes oder die eigenen, werden verglichen und bilanziert: Führen sie zu übereinstimmenden und eindeutigen Resultaten oder gibt es Differenzen?

5.5.1 Vergleich von Prognosevarianten zum künftigen Schüleraufkommen

Die Prognose des zukünftigen Schüleraufkommens kann von recht stabilen und belastbaren Werten ausgehen, weil die vorhandenen Grundlagen über die letzten Jahre nahezu gleich geblieben sind. Deshalb führen unterschiedliche Berechnungsmodi zu nahezu gleichen Werten. Die Landesprognose für die erwartbaren Schülerzahlen ist anfangs überhöht: Zum Zeitpunkt 2015/16 errechnet sich danach ein Mehr von fast 5.500 Schüler/innen für das Altersmittel der 10 – 14jährigen gegenüber der Prognose anhand der Lebendgeborenen 2006 – 2008. Nach 2015 gleichen sich die Landeszahlen aber mehr und mehr den eigenen Berechnungen anhand der Übergänge und anhand der Lebendgeborenen an (vgl. Tabelle 29, S. 81).

Für die langfristigen **Prognosen anhand der Lebendgeborenen** werden daher nicht die Mittelwerte für den längeren Zeitraum von 2003 - 2007 benutzt, sondern es wird auf die aktuelleren Daten für die beiden Jahre 2006 + 2007 zurückgegriffen, weil sie zutreffender das zukünftige Bild vorzeichnen. Die vorausschauende Schulentwicklung, für die Fortschreibung wie für die alternativen Modelle, stützt sich daher vor allem auf die langfristige Prognose über die Lebendgeborenen, weil die dauerhafte Stabilität der Schulversorgung im Mittelpunkt steht: Nach dieser langfristigen Prognose ist von **insgesamt 92.400 Schüler/innen** im Land auszugehen, welche als Potential für die Sekundarschulen der Klassenstufen 5 bis10 in den Jahren ab 2015 zu erwarten sind. Danach kann sich das Schülerpotential bis 2025 auf etwa 90.000 im Jahrgang noch etwas weiter absenken.

Tabelle 29: Prognosevarianten zum Zugang in die Sekundarstufe in Baden-Württemberg für den Zeitraum 2008 - 2010 – 2012 - 2015 – 2917 und 2019/20

Grundlagen	2008/09		2010/11	2012/13		2015/16	2017/18	2019/20		
Landesprognose										
Mittel 6 - 9	---	---		*100.285*		*92.236*	*92.478*			
Mittel 10 -14	**---**	**---**	***113.880***	**---**		***99.798***	**---**			***92.478***
Mittel 0 -3	---	---	---	---	---	---	---	---		*90.576*
Übergänge	**109.203**	---	---	---	---	---	---	---	---	
4. Kl. GS (2008)	---	106.747	---	---	---	---	---	---	---	---
1. Kl. GS (2008)	---	---	---	---95.157		---	---	---	---	---
Altersgr. 0 - 4 (2008)		---	---	---	---	---	94.392	---	---	---
Altersgr. 0 - 1 (2008)	---	---	---	---	---	---	---	93.040	---	
Lbg. 2003 - 2007---	**---**	**---**	**---**			**94.661---**		**---**	**---**	**---**
Lbg. 2006 + 2007	**---**	**---**	**---**	**---**	**---**	**---**	**92.389**	**---**	**---**	**---**
Lbg. 2006 - 2008	**---**	**---**	**---**	**---**	**---**	**---**	**---**	**92.229**	**---**	**---**
Alter 2008: unter 1 Jahr		---	---	---	---	---	---	92.356		---

Quelle: Statistisches Landesamt 2009 und eigene Berechnungen.

5.5.2 Prognoseblatt zum zukünftigen allgemeinen Schülerpotential

Für die weiteren Untersuchungen zur Schulentwicklung und zur Tragfähigkeit der einzelnen Schulformen stellt das **Prognoseblatt zum allgemeinen Schülerpotential** die zentrale Datengrundlage dar. Es ist folgendermaßen aufgebaut: Zuerst wird der Prognosewert für die kurzfristige Zeitspanne von 2010 bis 2014 abgeleitet, danach der Prognosewert für die langfristige Zeitspanne von 2015 bis 2020.

Für die **kurzfristige Prognose** werden zwei Durchschnittswerte herangezogen, zum einen für die Grundschülerschaft der Klassen 1 bis 4, zum anderen für die Altersgruppe der 5 bis 9Jährigen. Die beiden Werte liegen eng beieinander: für die Schülerschaft der Grundschule beträgt er 106.960, für das Altersmittel 106.798 – die Differenz von -162 fällt nicht ins Gewicht. Aus dem Mittel dieser beiden Werte errechnet sich der Prognosewert: Für den kurzfristigen Zeitraum von 2010 bis 2014 ist daher eine Jahrgangsbreite von 106.879 Schüler/innen anzusetzen. Dieser Prognosewert ist leicht überhöht, insofern zum Ende des Zeitraumes das jährliche allgemeine Schülerpotential auf 105.000 für das Land zurückgehen dürfte (vgl. Tabelle 30, S. 83).

Für die **langfristige Prognose** zum Zeitrahmen von 2015 bis 2020 werden die Zahlen zu den Lebendgeborenen zwischen 2006 und 2008 herangezogen.

Zum einen wird das Mittel für die Lebendgeborenen in den Jahren 2006 bis 2008 gebildet, zum anderen die Zahl der Kinder unter einem Jahr (jeweils zum Stichtag 31. 12 2008) übernommen. Auch in diesem Fall stimmen die beiden Werte sehr überein: Für die Lebendgeborenen beträgt er für das Land insgesamt 92.229, für die unter Einjährigen 92.356, d.h. + 127 – diese Differenz ist minimal (vgl. Tabelle 30, S. 83).

Als maßgeblicher Prognosewert wird auf die Lebendgeborenen der beiden Jahre 2006 + 2007 zurückgegriffen, da diese Daten für die Gemeinden und die Kreise im Land zur Verfügung standen. Für den späteren, langfristigen Zeitraum von 2015 bis 2020 ist somit eine Jahrgangsbreite von 92.389 Schüler/innen anzusetzen. Dieser Prognosewert kann danach in den Jahren bis 2025 auf 90.000 Schüler/innen leicht absinken, stellt insofern langfristig auch eine leichte Überschätzung dar.

Beide Prognosewerte, der kurz- wie der langfristige, können als belastbar gelten und ein zutreffendes Bild über das zu erwartende allgemeine Schülerpotential auf der Kreis- wie auf Gemeindeebene, abgeben. Die jeweilige Überschätzung des Schülerpotentials für die späteren Jahre in beiden Zeiträumen wird im Sinne einer „konservativen" Einschätzung beibehalten, weil sie zum einen sehr gering ausfällt, zum anderen den Schulen leicht entgegenkommt und sie nicht allein „streng statistisch" behandelt.

Ebenfalls wird deutlich, dass zwischen der Schülerzahl bis 2014 einerseits und der bis 2020 andererseits eine erhebliche Differenz besteht: Für das Land ist ab 2010 bis 2015 ein weiterer Rückgang von 106.879 auf 92.389 Schüler/innen zu konstatieren. Dies sind weitere 14.500 Schüler/innen weniger im Laufe der nächsten sechs Jahre, was allein bei der demographischen Komponente auf eine Verringerung von -14% hinausläuft. Für die weiteren Untersuchungen zur Schulentwicklung wird vor allem die langfristige Perspektive eingenommen, weil es um die nachhaltige Tragfähigkeit der Schulen und die stabile Auslegung in der Schullandschaft geht. Wird nur oder primär auf die aktuellen Daten zurückgegriffen oder nur die kurzfristige Entwicklung berücksichtigt, steht die Schulentwicklung unter dem Vorbehalt einer längerfristigen Unsicherheit.

Tabelle 30: Kreisprognoseblatt: kurzfristig und langfristig für die Kreise in BW

Kreis		Kurzfristige Prognose			Langfristige Prognose		
		GS 1-4 (07/08)*	AG 5-9*	Wert	Lg. 06-08*	unter 1 J.	Wert (06/07)*
01	S Stuttgart	4.526	4.848	4.687	5.513	5.488	5.508
02	L Böblingen	3.945	3.910	3.928	3.393	3.419	3.390
03	L Esslingen	5.141	5.155	5.148	4.624	4.603	4.636
04	L Göppingen	2.681	2.581	2.631	2.088	2.088	2.095
05	L Ludwigsburg	5.387	5.254	5.320	4.748	4.767	4.756
06	L Rems-Murr	4.405	4.282	4.343	3.492	3.432	3.528
07	S Heilbronn	1.093	1.141	1.117	1.116	1.076	1.136
08	L Heilbronn	3.755	3.618	3.686	2.784	2.795	2.796
09	L Hohenlohe	1.190	1.181	1.185	969	976	961
10	L Schwäbisch-Hall	2.052	2.046	2.049	1.673	1.656	1.684
11	L Main-Tauber	1.355	1.333	1.344	1.055	1.090	1.047
12	L Heidenheim	1.307	1.338	1.322	1.046	1.033	1.061
13	L Ostalbkreis	3.387	3.416	3.401	2.744	2.703	2.765
14	S Baden-Baden	407	429	418	377	366	384
15	S Karlsruhe	2.286	2.339	2.312	2.560	2.559	2.540
16	L Karlsruhe	4.448	4.314	4.381	3.525	3.551	3.520
17	L Rastatt	2.315	2.233	2.274	1.759	1.728	1.780
18	S Heidelberg	943	1.010	976	1.234	1.293	1.200
19	S Mannheim	2.584	2.614	2.599	2.750	2.746	2.729
20	L Neckar-Odenwald	1.553	1.492	1.522	1.160	1.066	1.207
21	L Rhein-Neckar	5.242	5.161	5.201	4.428	4.406	4.449
22	S Pforzheim	1.109	1.122	1.115	1.055	1.039	1.062
23	L Calw	1.750	1.700	1.725	1.291	1.301	1.291
24	L Enzkreis	2.177	2.100	2.138	1.506	1.544	1.490
25	L Freudenstadt	1.322	1.254	1.288	1.028	1.049	1.015
26	S Freiburg	1.654	1.826	1.740	2.027	2.025	2.007
27	L Breisgau-Hoch.	2.541	2.582	2.561	2.108	2.086	2.128
28	L Emmendingen	1.651	1.623	1.637	1.318	1.337	1.320
29	L Ortenau	4.418	4.315	4.366	3,573	3.569	3.587
30	L Rottweil	1.509	1.500	1.504	1.221	1.231	1.216
31	L Schwarzwald-Baar	2.102	2.062	2.082	1.737	1.743	1.733
32	L Tuttlingen	1.469	1.479	1.474	1.287	1.329	1.272
33	L Konstanz	2.698	2.606	2.652	2.177	2.203	2.178
34	L Lörrach	2.250	2.272	2.261	1.758	1.863	1.743
35	L Waldshut	1.787	1.758	1.772	1.349	1.465	1.347
36	L Reutlingen	2.766	2.900	2.833	2.379	2.361	2.396
37	L Tübingen	2.194	2.209	2.201	1.959	1.948	1.962
38	L Zollernalb	1.933	1.899	1.916	1.527	1.426	1.583
39	S Ulm	989	1.078	1.033	1.152	1.154	1.152
40	L Alb-Donau	2.234	2.156	2.195	1.723	1.760	1.712
41	L Biberach	2.147	2.139	2.143	1.733	1.734	1.753
42	L Bodensee	1.961	2.050	2.005	1.707	1.775	1.686
43	L Ravensburg	2.809	3.013	2.911	2.440	2.460	2.439
44	L Sigmaringen	1.488	1.460	1.474	1.137	1.113	1.155
	Land insgesamt	**106.960**	**106.798**	**106.879**	**92.229**	**92.356**	**92.389**

Quelle: Statistisches Landesamt, Monatsheft Baden-Württemberg 6 /2007, S. 10.
*Jahrgangsmittelwert.

5.6 Spezifische Prognose zum Übergangsverhalten

Die Aufbereitung der Übergänge auf die Schulen der Sekundarstufe ist in Kapitel 4 auch deshalb ausführlich erfolgt, um genügend Anhaltspunkte für die Prognose des zukünftigen Übergangsverhaltens zu gewinnen. Es kann sich dabei nicht nur um eine einfache Fortschreibung des aktuellen Landeswertes handeln, vielmehr sind Spannweiten und Varianten anzusetzen und einzubeziehen. Der mögliche Trend bei der zukünftigen Schulwahl ist abzuwägen und zu bestimmen: Setzt sich die Abwendung von der Hauptschule oder Werkrealschule weiter fort? Wird das Gymnasium weiter überproportional dazu gewinnen? Oder büßt die Realschule wegen der Werkrealschule Schüler/innen ein? Außerdem ist zu entscheiden, inwieweit regionale Unterschiede oder Traditionen beachtet werden sollten, etwa nach Kreisen oder Gemeinden.

Vorausschätzung des Statistischen Landesamtes: Überschätzung

Vergewissern wir uns zuerst, welche Prognose das Statistische Landesamt für die Schülerzahlen und Schulen prognostiziert hat. Diese Prognose ist aus der Datenbank für das Land, für die Kreise und auch für die Kommunen einzeln abrufbar. Allerdings werden die Schülerzahlen für die drei Schulformen der Sekundarstufe, zusätzlich der Grundschule, nur pauschal ausgewiesen.

Um das Mittel für die Jahrgangsbreiten der verschiedenen Schulformen zu erhalten, wird nach der jeweiligen Zahl an Klassenstufen dividiert: für die Grundschule mit dem Teiler 4, die Hauptschule mit 5 und die Realschule mit 6; diese Operation ist für das Gymnasium allerdings erschwert, denn ein Teiler durch 12 bliebe für die unteren Klassen sehr ungenau. Es kann jedoch deren Jahrgangsbreite aus der Zahl der Grundschüler/innen minus der Summe aus Haupt- und Realschüler/innen angemessen eingeschätzt werden. Dadurch lassen sich dann die Anteile der jeweiligen Schulform ableiten, wenn sie auf das Mittel der Grundschulen im Vorjahr bezogen werden. In Prozentwerten ausgedrückt können sie damit die Größenordnung des unterstellten Übergangsverhaltens vermitteln, wenn die Schülerschaft der Grundschule auf 100 gesetzt wird (vgl. Tabelle 31, S. 85).

Das Unzureichende dieser Landesprognose für eine konkrete Schulentwicklungsplanung wird ersichtlich, wenn die Angaben für die Schülerzahl auf die Jahrgangsstärken (Klassenstufen) herunter gebrochen werden. Die unterstellten Anteile sind dann für die Hauptschulen deutlich überhöht und liegen zwischen 29,5% und 30,1% landesweit für den Zeitraum zwischen 2010 und 2015. Solche Übergangsquoten sind schon in den letzten drei Jahren nicht mehr vorgekommen und bedeuten eine unvertretbare Überschätzung des Schülerpotentials für die Hauptschulen. Die Anteile für die Gymnasien sind folglich unterschätzt, weil sie weit unter der aktuellen Quote von annähernd 40% bleiben und sich zwischen 28% und 31% bewegen. Dafür wird der Besuch der Realschulen ebenfalls etwas überschätzt, wenngleich nicht so stark wie für die Hauptschulen: Er soll zwischen 2010 und 2015 bei 39% bis 40% liegen (gegenwärtig beträgt er 35%).

Tabelle 31: Vorausschätzung der Schüler/innen an allgemein bildenden Schulen nach Schularten in BW: Insgesamt, Jahrgangsbreite und Anteile (2008/09 bis 2015/16)

Schülerzahlen	Grundschulen	Hauptschulen	Realschulen	Gymnasien
Insgesamt				
2008/09	424.585	164.095	243.010	340.145
2010/11	402.455	155.065	240.915	339.035
2012/13	385.830	148.205	236.260	307.255
2015/16	**368.045**	**137.280**	**219.605**	**288.625**
Jahrgangsmittel	(Teiler 4)	(Teiler 5)	(Teiler 6)	(errechnet)
2008/09	106.146 / 109.024	37.819 (34,6%)	40.502 (37,1%)	30.703 (28,2%)
2010/11	100.614 / 103.194	31.013 (30,1%)	40.153 (38.9%)	32.028 (31,0%)
2012/13	96.458 / 98.360	29.641 (30,1%)	39.377 (40,0%)	29.342 (29,9%)
2015/16	**92.011 / 93.234**	**27.456 (29,5%)**	**36.601 (39,3%)**	**29.177 (31,3%)**

Quelle: Statistisches Landesamt 2009 und eigene Berechnungen.

Weil in der Landesprognose die gesamte Schülerschaft einer Schulform herangezogen wird, kommt es zu Überschätzungen, weil in den letzten Jahren jeder neue Jahrgang zahlenmäßig stark zurückgegangen ist. Diese Abnahme wird im Gesamtwert nicht ausgeglichen und bei der Prognose beachtet. Es wird eine Schülerschaft unterstellt, die in den jüngeren Klassenstufen bereits gegenwärtig gänzlich obsolet ist, wie sich an der Schülerschaft der Grundschulen wie der Hauptschulen belegen lässt. Zudem wird in der Landesprognose die Übergangsquote auf die Schulen der Sekundarstufe weitgehend stabil gesetzt, was dem Trend des Rückgangs bei den Hauptschulen nicht entspricht.

Werden die Landesprognosen zur erwartbaren Schülerschaft an den einzelnen Schulformen der Sekundarstufe als Planungsgrundlagen für eine nachhaltige Schulentwicklung herangezogen, dann wird sowohl die Kapazität des dreigliedrigen Schulsystems insgesamt als auch die Tragfähigkeit der Hauptschulen im Besonderen wegen des doppelten Effektes erheblich überschätzt. Auch die Prognose für die Realschulen und Gymnasien ist eher irreführend, weil deren Zugang, noch eher bei den Gymnasien, langfristig unterschätzt sein dürfte. Zudem verleiten sie zu der Annahme, der Ausbau an Realschulen oder Gymnasien bzw. entsprechenden Bildungsgängen in integrativen Schulen sei unnötig, weil langfristig die Schülerzahl zurückginge. Dies wird aber der realen Entwicklung, den gesellschaftlichen Erfordernissen (Bildungsrepublik) und den Interessen von Eltern und Schüler/innen nicht gerecht.

Prognosen zum Übergangsverhalten 2010 bis 2020

Für die drei Schularten wurden daher unter Berücksichtigung von Trends und regionalen Verteilungen **eigene Werte und Prognosen** für die zukünftige Übertrittsquote ebenso wie für deren Varianten abgeleitet und berechnet. Ausgangspunkt für diese Prognose der zukünftigen Schülerzahl in den verschiedenen Schulformen, seien sie gegliedert oder integriert, ist die Zahl des allgemeinen Schülerpotentials für die Eingangsstufen in den Gemeinden und Kreisen. An diese Zahl wird die jeweilige Übergangsquote der einzelnen Schulformen angelegt, wodurch ihre Schülerzahl für die Jahre 2015 bis 2020 und darüber hinaus bestimmbar wird. Es ist selbstverständlich, dass zur Sicherung von Transparenz und zur Abschätzbarkeit der Folgen für den Schulbestand dafür nicht nur ein Wert herangezogen werden kann. Es werden für jede Schulform daher verschiedene Varianten berechnet, allerdings wird für die weiteren Analysen daraus ein „zentraler Wert" bestimmt, der als maßgeblich gilt.

Es liegt nahe, für die Prognose als erstes den Landeswert für 2008/09 heranzuziehen, weil er das tatsächliche Verhalten bei der Schulwahl möglichst aktuell widerspiegelt. Die landesweiten Übergangsquoten betragen **25% für die Hauptschulen, 34% für die Realschulen und 40% für die Gymnasien**.

Diese Werte können nur als Orientierung dienen, denn die vorzunehmende Prognose muss sich vor allem auf die Übergangsproportionen im Kreis stützen, die etwas anders gelagert sind, da sie die regionalen Verhältnisse genauer wiedergeben. Die Bandbreite der Übergangsquoten zwischen den Kreisen ist erheblich geblieben und reicht etwa beim Übergang auf die Hauptschule von 33,0% im SK Heilbronn bis zu 10,4% im SK Heidelberg.

Varianten und Schwerpunkte der Schulformen im gegliederten Schulwesen

Für die Übergänge auf die drei Schularten in der Sekundarstufe muss für die Bestimmung des zukünftigen Schülerpotentials, ausgehend vom aktuellen Wert, die Variation für den unterstellten Landestrend bis 2015 bzw. 2020 bestimmt werden.

Für die **Hauptschulen** wird kein erneuter Wiederanstieg der Besucherzahlen erwartet, auch nicht durch die Einrichtung der neuen Werkrealschule. Es wäre schon eine Stabilisierung gegen den Trend erreicht, wenn der Anteil bei 25% Übergang auf die Haupt-/Werkrealschule gehalten werden könnte. Eher ist aber ein gewisser weiterer Rückgang anzunehmen, der landesweit dann zu einer Quote von 20% führen würde. Auszuschließen ist aber keineswegs, dass sich der Trend, wie er sich in den Stadtkreisen bereits abzeichnet, weiter durchsetzt; dann könnte die Besuchsquote der Hautschulen für den betrachteten längerfristigen Zeitraum auf 15% absinken. Für die Variation zwischen den Kreisen im Land könnte dies ein Absinken der Besuchsanteile auf 10% bis 25%, je nach aktueller Ausgangslage bedeuten

Im Hinblick auf die **Realschulen** wird weniger Variation der Übergangsquoten erwartet, weder im Zeitverlauf noch zwischen den Kreisen. Nach den bisherigen Erfahrungen hat die Realschule einen geringeren Zuwachs zu erwarten, weil ein möglicher Zugewinn aus dem Schülerpotential für die Hauptschulen durch einen Verlust an die Gymnasien weitgehend im Zeitverlauf ausgeglichen wird. Daher bleiben ihre Schülerschaft und ihr Übergangsanteil am allgemeinen Schülerpotential konstanter. Allerdings wird für die Realschulen kein Rückgang im Besuch unterstellt (etwa auf 30%), sondern ein gewisser oder größerer Zugewinn als möglich ebenfalls berechnet: Bei verstärkter Wahl der Realschule könnte der Anteil in den kommenden Jahren auch auf 40% oder sogar auf 45% (Maximum) ansteigen (wenn das „Hauptschulsterben" verstärkt einsetzt und wenn die 2. und 3. Generation der ausländischen Schüler/innen vermehrt auf die Realschule wechseln).

Der Zugang auf die **Gymnasien** erscheint weiter ungebrochen, wenngleich er nicht stetig verläuft. Neben den aktuellen Wert von rund 40% Zugang kann zum einen ein leichter Zugewinn auf 45% ziemlich gesichert angenommen werden, zum anderen ist ein starker Zugewinn auf 50% nicht auszuschließen. Eine Quote von 35% erscheint als landesweiter Wert für den Gymnasialübergang wenig wahrscheinlich, könnte aber in manchen Kreisen noch für die nächsten Jahre gültig bleiben. Auch bei den Gymnasien fällt die Übergangsquote zwischen den Kreisen unterschiedlich aus: In sechs Kreisen geht mehr als die Hälfte des Jahrgangs in ein Gymnasium, mit 62,2% am meisten im SK Heidelberg; in anderen Kreisen ist es weniger als ein Drittel, wie in den LK Main-Tauber, Biberach und Waldshut (Schlusslicht mit 28,9%).

Insgesamt ergibt sich für die drei Schulformen der Sekundarstufe eine Variation an verschiedenen Übergangsquoten. In den letzten Jahren hat sich gezeigt, dass mit gewissen Verzögerungen sich der Trend einer Abkehr von der Hauptschule und des Zugewinns bei den Gymnasien durchgesetzt hat. Unter Annahme dieses Trends werden als zentraler Schwerpunkt für die weiteren Analysen folgende Übergangsquoten angesetzt: **20% Hauptschule, 35% Realschule und 45% Gymnasium.**

Diese landesweiten Anteile zum Übergang müssen nach den **Kreisen** und ihrer aktuellen Ausgangslage im Schulbesuch variiert werden: Dabei werden einige Kreise mehr mit dem angesetzten Minimum, andere mehr mit dem Maximum der jeweiligen Übergangsquoten übereinstimmen. Insofern werden diese anderen Werte ebenfalls ausgewiesen, um nachvollziehbar die Möglichkeiten für die Schulen der Kreise und Gemeinden überblicken zu können.

Übergänge auf Verbundschule und Sekundarschule als alternative Modelle

Auch für die alternativen Modelle zur Schulentwicklung, sei es das Zwei-Säulen-Modell der Verbundschule, unter Wahrung der Gymnasien, oder das integrierte Modell der Sekundarschulen für alle Kinder und Jugendlichen einer Gemeinde oder Bildungsregion, muss jeweils ein erwartbares Übergangsverhalten angesetzt werden.

Im Falle des Zwei- Säulen-Modells reicht es hin, die angesetzte Gymnasialquote zu nutzen, um den Besuch der **Verbundschule** in den Gemeinden zu bestimmen. Sie kann demnach im **Schwerpunkt 55%** eines Jahrgangs erreichen, der Anteil kann aber auch auf 60% (Maximum) steigen oder nur 50% (Minimum) betragen. In der Verbundschule sind das Schülerklientel für hauptschulische und realschulische Bildungsgänge und Zertifikate versammelt, wie es auch dem Konzept der „Werkrealschule“ entspricht, nur dass diese Schulform allein auf dem schmalen Klientel der Hauptschule aufbaut. Auch beim Besuch von Verbundschule ist eine gewisse Differenz nach den Kreisen zu erwarten, die sich in der Regel zwischen dem angesetzten Minimum und Maximum des Prognosewertes bewegen dürfte – und entsprechend kreisweise ausgewiesen wird.

Für das integrierte Modell der **Sekundarschule** könnte grundsätzlich die gesamte Breite des Jahrgangs als Schülerpotential unterstellt werden. Jedoch ist davon auszugehen, dass ein gewisser Prozentsatz nicht das öffentliche Schulangebot in der Region nutzt. Es wird daher als **Schwerpunkt 90%** an Besuchern aus dem allgemeinen Schülerpotential erwartet, mit einem Maximum bei 95% (nahezu alle) und einem Minimum bei 85% (stärkere Hinwendung zu privaten Schulen). Bei der Sekundarschule ist in besonderer Weise die verlangte Zügigkeit zu beachten. Eine Sekundarschule mit in der Regel 2 Zügen kann als Schule des gemeinsamen Lernens bis Klasse 10 eingerichtet und pädagogisch gestaltet werden. Bei der Sekundarschule mit zumindest drei Zügen ist dann zumeist eine Oberstufe mit vorgesehen, die nicht mehr von allen Jugendlichen der Gemeinde oder Bildungsregion besucht wird. Ihre Besuchsquote kann dann entsprechend den Quoten für gymnasiale Oberstufen bestimmt werden, wobei allerdings die der allgemeinbildenden Gymnasien und der beruflichen Fachgymnasien in die Berechnungen einbezogen werden müssen.

Diese Ansätze für die alternativen Modelle des Schulangebotes in der Sekundarstufe setzen allerdings voraus, dass Schulen des gegliederten Schulwesens, etwa Realschule oder Gymnasium, nicht in der Gemeinde oder kommunalen Nachbarschaft konkurrierend vorhanden sind. Es wird daher darüber hinaus geprüft, inwieweit eine solche Koexistenz von Schulen des gegliederten Schulwesens und der alternativen Modelle möglich wären. Insbesondere interessiert, in welchen Städten und Bildungsregionen sich eine solche Schulalternative als zusätzliches Angebot einrichten ließe, um dem vorhandenen Elternwillen zu entsprechen.

Konkurrenz um Schülerklientel in der Sekundarstufe bei Dreigliedrigkeit

Für die Sekundarstufe ist zu beachten, dass gegenwärtig in Baden-Württemberg vor allem drei Schulformen um das Schülerpotential der Sekundarstufe konkurrieren: das Gymnasium, die Realschule und die Hauptschule. Daneben bestehen noch die Förder- und Sonderschulen als weiterer Zweig und zusätzlich die beruflichen Schulen, insbesondere die beruflichen Fachgymnasien. Diese „Dreigliedrigkeit“ mit ihren speziellen Nebenzweigen, durch die neue Werkrealschule noch unübersichtlicher geworden, hat Folgen für die Entscheidung der Eltern und für die soziale Selektion beim Übergang nach der Grundschule. Nicht nur diese Art der Konkurrenz und sozialen Selektion ist problematisch, ebenso ist von Nachteil, dass eine zahlenmäßig große Jahrgangsbreite nötig ist, um genügend Schüler/innen für tragfähige, stabile und wohnortnahe Schulformen zu erreichen.

Berechnungsblatt für das notwendige allgemeine Schülerpotential

Dies kann anhand einer einfachen Zusammenstellung überprüft werden. Wenn an die Jahrgangsbreiten die entsprechenden Übergangsquoten angelegt werden, dann wird ersichtlich, mit welcher Schülerzahl die jeweilige Schulform rechnen kann. Zu jeder Schulart werden zwei Varianten des Übergangs berechnet, wobei der zentrale, erwartbare Schwerpunkt markiert ist. Es ergeben sich dann eindeutige Stufen, ab welchem kommunalem oder regionalem Schülerpotential welche Schulart eine hinreichende Schülerzahl für die Zwei- oder für die Dreizügigkeit gesichert erreicht (vgl. Tabelle 32).

Es wird als erstes deutlich, dass alle Gemeinden mit weniger als 40 Schüler/innen im Jahrgang nicht in der Lage sind, irgendeine Schulform der Sekundarstufe gesichert und tragfähig allein vorzuhalten, wenn dafür Zweizügigkeit vorausgesetzt und dafür zumindest 31 Schüler/innen verlangt werden. Ab insgesamt 40 Schüler/innen kann bereits eine zweizügige Sekundarschule gesichert eingerichtet werden, ab 60 Schüler/innen die zweizügige Verbundschule. In allen Gemeinden dieser Größenordnung wäre aber eine Schulform des gegliederten Schulwesens noch längst nicht tragfähig. Bei der Hauptschule oder Werkrealschule müsste die Jahrgangsbreite zumindest 150 Schüler/innen umfassen, damit sie eine gesicherte Zweizügigkeit kommunal erreicht.

Tabelle 32: Vorauszusetzende Jahrgangsbreiten für die wohnortnahe und stabile Tragfähigkeit der verschiedenen Schulformen bei Varianten des Übergangs

Allgemeines	Dreigliedrig						Zweiglied.		Integriert	
Schülerpotential	**HS/WRS**		**RS**		**GY**		**Verbund**		**Sekundars.**	
	20%	25%	**35%**	40%	**45%**	50%	**55%**	60%	**85%**	90%
30	6	8	11	12	14	15	17	18	26	27
40	8	10	14	16	18	20	22	24 **34**	**36**	
60	12	15	21	24	27	30	**33**	**36**	51	54
90	*18*	*23*	**32**	**36**	*41*	*45*	50	54	77	81
100	20	25	35	40	45	50	55	60	85	90
110	22	28	39	44	50	55	**61**	**66**	**94**	**99**
120	24	30	42	48	54	60	66	72	102	108
150	**30**	**38**	53	60	**68**	**75**	**83**	**90**	**128**	**135**
180	**36**	**45**	**63**	**72**	**81**	**90**	**99**	**108**	**153**	**162**

6 Fortschreibung der Dreigliedrigkeit: Haupt- bzw. Werkrealschule, Realschule und Gymnasium

In einem ersten Schritt ist die Entwicklung der Schullandschaft unter der Prämisse zu betrachten, dass die gegenwärtigen Regelungen und Aufteilungen fortgeführt werden. Dazu zählt in erster Linie die Dreigliedrigkeit der Sekundarstufe mit Hauptschule, Realschule und Gymnasium. Allerdings ist bei dieser Fortschreibung die "neue" Werkrealschule, als Ergänzung oder Ersatz der Hauptschule, gesondert zu berücksichtigen.

6.1 Optionen und Grundlagen

Die Handlungsmöglichkeiten der Gemeinden sind durchaus vielfältig und dürften von ihnen aufgrund des Problemdrucks öfters in Erwägung gezogen werden: Es handelt sich um folgende vier grundsätzlichen Optionen im Rahmen der Dreigliedrigkeit:

1. Zusammenlegungen und Schließungen von Schulen, durchweg Hauptschulen (Schulverluste, Konflikte), Einrichtung von Werkrealschulen an zweizügigen Hauptschulen;
2. Kooperation einzügiger Hauptschulen, um eine Werkrealschule als lokales Angebot im „Einzelfall" vorhalten zu können (Organisation und Bewilligung oft problematisch);
3. bei vorhandener Nachfrage die Einrichtung einer neuen oder weiteren Realschule und/oder Gymnasium am Ort (eventuell als Dependance);
4. neue Anordnung der Schulangebote und Einzugsbereiche in der Gemeinde oder Region, auch im Rahmen von Verwaltungsgemeinschaften für Schulverbünde.

Allerdings ist die Einführung integrativer Schulmodelle nicht vorgesehen. Bislang gelten für die Landesregierung weder die Verbundschule mit haupt- und realschulischem Bildungsgang unter Wahrung des Gymnasiums noch die Sekundarschule (bis Klasse 10), die alle Bildungsgänge unter einem Dach versammelt, als „bewilligungsfähig".

Grundlagen für die zukünftige Schülerzahl und Tragfähigkeit

Das allgemeine demographische Potential ergibt sich aus dem Schnitt der Lebendgeborenen in den beiden Jahren 2006 plus 2007. Dieser Wert wird herangezogen, da er der aktuellste für die Gemeindeebene ist, jahresweise Schwankungen ausgleicht und zudem eine längerfristige Prognose bis 2018 erlaubt, ohne Schätzungen unterstellen zu müssen. Er unterscheidet sich zudem kaum von jenen, die auf andere Weise gebildet werden, etwa über Altersgruppen oder Jahrgangsstärken in der Grundschule.

Von größerem Gewicht für die Einschätzung der Zukunft der einzelnen Schulformen ist die Quote des Übergangs. Für das dreigliedrige Schulwesen kann von der aktuellen Verteilung ausgegangen werden: 25% für die Hauptschule, 35% für die Realschule und 40% für das Gymnasium. Als Varianten werden mögliche Trends der weiteren Entwicklung in 5-Prozent berechnet: Für die Haupt/-Werkrealschulen 20% bei schwachem und 15% bei starkem Trend der Abwendung (ein erneuter Anstieg auf 30% wird nicht unterstellt); bei den Realschulen ein Anstieg auf 40% oder 45%, um auch diese Möglichkeit abzudecken; für die Gymnasien werden die Varianten von 35% bei Rückgang und 45% bei Zunahme untersucht (die 50% Variante wird wahrscheinlich nur in einzelnen Fällen gelten).

Als vorherrschende künftige Verteilung wird demnach für die Planungsanalysen unterstellt: **20% Hauptschule, 35% Realschule und 45% Gymnasium.**

6.2 Gegenwart und Zukunft der Haupt- und Werkrealschulen

In den letzten Jahren hat die Hauptschule bereits einen erheblichen Rückgang ihrer Schülerzahl hinnehmen müssen, der zur Krise des Schulbestandes geführt hat. Es ist daher angebracht, vor dem Blick in die Zukunft dieser Schulart deren aktuelle Lage zu betrachten. Denn daran wird deutlich, dass ein Großteil von ihnen bereits seit einiger Zeit nicht mehr haltbar war. Die Hauptschulen haben bereits seit längerem ihre Zukunft hinter sich. Dies wurde von vielen politisch Verantwortlichen im Land, in den Kommunen, aber auch an den Schulen verdrängt oder übergangen, obwohl sie eindringlich darauf aufmerksam gemacht wurden. Und die gegenwärtigen Konzepte sind daher auch deshalb unzureichend, weil sie die Problematik zu spät aufgreifen, wiederum die Lösung im alten Korsett suchen und zudem die Abwicklung der "Konkursmasse" nun auf die Gemeinden und deren Schulen abwälzen.

6.2.1 Gegenwärtige Gefährdung der Hauptschulen nach Kreisen

Bereits Anfang der 90er Jahre war bei sorgfältiger Analyse zu erkennen, dass die Hauptschule stark an Schüler/innen verliert und in großer Zahl ab 2000 unter die Zweigzügigkeit sinken wird. Entsprechend wurde gefordert, rechtzeitig angemessen und mutig Schritte zu unternehmen, um die drohende schulkulturelle Verödung des ländlichen Raumes aufzufangen und um das Schulangebot tragfähig, möglichst wohnortnah und chancengerecht zu halten. Bis auf die „Rettungsaktion" der Landesregierung durch die „Hauptschule mit Werkrealschule" wurde allerdings nichts zur strukturellen Modernisierung des Schulwesens unternommen. Diese „Hauptschule mit Werkrealschule" hat die Attraktivität der Hauptschulen aber nicht erhöht, vielmehr ist die Besucherzahl weiter drastisch zurückgegangen. In dieser Hinsicht ist sie ein Fehlschlag gewesen. Umso mehr verwundert, dass dieses Konzept in neuer Gewandung wieder für eine „Rettungsaktion" herhalten soll, diesmal jedoch nicht mehr zur Rettung der Hauptschule, die auch von der Landesregierung mittlerweile aufgegeben wurde, sondern zur Rettung der Dreigliedrigkeit in der Sekundarstufe. Dass dies gelingen kann, muss wiederum bezweifelt werden. Allerdings wirft dieses starre Festhalten eine den modernen Erfordernissen angemessene Schulentwicklung um Jahre zurück.

Ende der „Bestandsgarantie" für ein Auslaufmodell

Im Schuljahr 2008 ist nun eindrücklich sichtbar, dass die Hauptschulen überwiegend so klein geworden sind, dass eine „Bestandsgarantie" nicht mehr aufrechterhalten werde kann. Nun gibt auch die Landesregierung bekannt, dass viele Hauptschulen höchstens einzügig sind; sie legt dazu sogar Übersichten vor (vgl. Tabelle 6, S. 32).

Gegenüber diesem Vorgehen der Landesregierung, nur pauschal die Schulen unter der Zweizügigkeit auszuweisen, ist es für die Einschätzung ihrer Gefährdung notwendig zu differenzieren: Es muss zusätzlich ausgewiesen werden, ob die Hauptschule in der Schülerzahl pro Jahrgang unter der Klassenbildung bleibt (unter 16 Schüler/innen), denn dann ist sie in besonderen Masse von unmittelbarer Auflösung bedroht. Wird diese genauere Differenzierung vorgenommen, ergeben sich deutliche gewichtigere Stufen der Gefährdung und einer möglichen Auflösung von Hauptschulen bereits aktuell. Die Zahlen zur Zügigkeit der Hauptschulen sind in der Aufstellung der Landesregierung auch deshalb etwas höher, weil dort die praktizierte Zügigkeit der vorhandenen Hauptschulen wiedergegeben wird, die öfters auch bei geringer Schülerzahl einen Zug einrichten oder einen zweiten bilden.

Demgegenüber wird zur differenzierten Einsicht in die Situation der Hauptschulen die genaue Schülerzahl genommen und daran die Zügigkeit bemessen, was in der Folge die Zahl der Hauptschulen unter der Klassenbildung erkennbar macht und unter der Zweizügigkeit erhöht. Dadurch ist aber ein zutreffenderes Bild über das Ausmaß an vorhandener Gefährdung und Auflösungsdruck in der Hauptschullandschaft erkennbar (vgl. Tabelle 33, S. 95).

Orientiert an der Schülerzahl in der Eingangsklasse der Hauptschulen ergeben sich vier Gefährdungsstufen der Hauptschulen im Land und in den Kreisen. Vor allem die Schulen in der ersten Stufe haben wohl ganz unmittelbar ihre Schließung hinzunehmen; die Schulen in der zweiten Stufe müssen sie in überwiegendem Maße demnächst gewärtigen.

Sehr starke Gefährdung von 333 Hauptschulen: unter Klassenbildung

Von den 1.176 Hauptschulen sind gegenwärtig (2008/09) bereits 333 unter der Einzügigkeit, denn ihre Schülerzahl reicht nicht mehr zur Klassenbildung. Dies sind 28,2%l der Hauptschulen im Land, die nicht einmal den Anforderungen für eine einzügige Hauptschule genügen. Ihre Situation ist recht eindeutig: Ihre Fortführung ist sehr in Frage gestellt. Es ist zu beachten, dass es oftmals die einzige Hauptschule am Ort oder im Vorort ist.

Starke Gefährdung von weiteren 534 Hauptschulen: nur einzügig

Weitere 534 Hauptschulen haben ebenfalls wenige Schüler/innen in Klasse 5 (zwischen 16 und 30), können aber wenigstens einen Zug bilden. Sie können bei weiterem Absinken der Schülerzahl entweder unter die Einzügigkeit sinken oder im Verbund mit Nachbargemeinden die Einzügigkeit halten oder sogar die Zweizügigkeit erreichen. Sie dürften aber in der Regel keine Werkrealschule (Klasse 10) anbieten können.

In den beiden stärkeren Gefährdungsstufen befinden sich 867 Hauptschulen; das sind nahezu drei Viertel (73,7%) aller Hauptschulen im Land. Sie kommen schon gegenwärtig, noch mehr zukünftig allein nicht als eine „neue Werkrealschule" in Frage. Insofern wird an dieser beträchtlichen Zahl ersichtlich, wie gering das Potential für die Werkreal/-Hauptschule ist, um ehemalige Hauptschulen doch zu halten und darüber die Dreigliedrigkeit der Sekundarstufe zu wahren.

Gewisse Gefährdung für 269 Hauptschulen: noch zweizügig

Im Land haben 269 Hauptschulen gegenwärtig allein über 31 Schüler/innen, aber es bleibt bei vielen offen, ob die Tragfähigkeit für zwei Züge zukünftig gehalten werden kann und ob die Transformation in eine „Werkrealschule" die Nachfrage stabilisieren wird. Möglicherweise könnte eine Stabilisierung der Schülerschaft erfolgen, wenn andere Hauptschulen am Ort oder in Nachbargemeinden aufgelöst werden. Dies bleibt für einige Jahre ein instabiler Prozess, der die Gefährdung nicht ausschließt.

Ohne Gefährdung sind 40 Hauptschulen: noch dreizügig

Wenn die stabile Tragfähigkeit mit 2 Zügen angestrebt wird, sind nur 40 der vorhandenen Hauptschulen als gänzlich ungefährdet einzustufen, weil sie allein mehr als 60 Schüler/innen aufweisen. Selbst bei einem stärkeren Rückgang der Besucherzahl dürften diese Schulen zumindest die Zweizügigkeit halten.

In der kürzlich vorgelegten Zusammenstellung des Landes zur Zügigkeit der Hauptschulen werden 782 von ihnen als höchstens einzügig geführt. Das belegt zwar ebenfalls ein umfangreiches Maß gefährdeter Hauptschulen, aber es sind 85 Hauptschulen weniger als gemäß den eigenen Berechnungen als stark gefährdet einzustufen wären. Von der Landesregierung wird damit ein günstigeres Bild der Hauptschulsituation gezeichnet, weil eine Reihe von Schulen als zweizügig geführt und gezählt wird, obwohl die Zahl der Schülerinnen genau genommen dafür nicht mehr hinreicht.

Allgemeine aktuelle Verlustrechnung für die Hauptschulen

Lange Zeit ist eine mögliche **Verlustrechnung an Hauptschulen** unterlassen worden, um die Größenordnung der Problematik nicht offen zu legen. Geht man davon aus, dass Hauptschulen unter der Klassenbildung nicht fortgeführt werden und einzügige Hauptschulen zur Hälfte haltbar sind, dann ergibt sich aus dieser Summe der Verlust an Hauptschulen, die aufgelöst werden, sei dies unmittelbar oder in den nächsten Jahren. Diese Berechnungen haben zwar einen pauschalen Charakter, sind aber hinreichend, um zur Orientierung über das aktuelle Ausmaß der Krise zu dienen.

Eindeutig können 333 Hauptschulen keine Klasse mehr pro Jahrgang bilden. Es ist davon auszugehen, dass ihre Auflösung beschlossene Sache ist oder unmittelbar bevorsteht. Ihre Aufgabe würde den Bestand an Hauptschulen auf 843 im Lande mindern. Eine Verringerung in diesem Ausmaß ist in den nächsten beiden Jahren auf alle Fälle zu erwarten, auch wenn sie statistisch nicht ausgewiesen wird (längeres Auslaufen, formale Zusammenlegung).

Wird das Schülerpotential sehr kleiner Hauptschulen zugunsten der einzügigen Hauptschulen verrechnet, muss dennoch landesweit ein Verlust von 590 Hauptschulen bereits aktuell (2009) in Rechnung gestellt werden. Selbst unter diesen eher günstigen Annahmen ist davon die Hälfte aller Hauptschulen (50,2%) betroffen, die bereits heute, unabhängig von den weiteren Entwicklungen, vor ihrer Auflösung stehen. Damit ist der unmittelbare Problemdruck umrissen, der auf den Gemeinden lastet: Denn sie haben letztlich die Auflösung dieser Schulen zu beschließen, im Zuge der Beantragung einer Haupt-/Werkrealschule, wohl öfters bereits vorgenommen. Aufgrund der pauschalen Verrechnung erscheint der Problemdruck noch geringer als eine kreisweise, auf die einzelnen Schulen bezogene Analyse erbringt, wie sie später für die Zukunft der Hauptschulen durchgeführt wird.

Verlustrechnung für die Hauptschulen nach Kreisen

Für die einzelnen Kreise fällt die Konstatierung der gefährdeten Hauptschulen und die abgeleitete Berechnung des Verlustes an Hauptschulen differenziert aus. Freilich ist kein Kreis von größeren Gefährdungen und merklichen Verlusten verschont.

Die **Zahl der Hauptschulen unter der Klassenbildung** (unter 16 Schüler/innen) ist besonders hoch im Ortenaukreis (27) und im Breisgau-Hochschwarzwald (21); bemerkenswert ist deren Zahl auch im LK Konstanz (16), im Ostalbkreis (15), im LK Karlsruhe (15), im LK Reutlingen(15). In diesen Kreisen stehen viele Gemeinden vor einer misslichen Lage, insofern die Hauptschule zumeist die einzige Hauptschule am Ort (gewesen) ist. Bei der aktuellen „Verlustrechnung“ sticht der Ortenaukreis hervor, wo 43 der 70 Hauptschulen keinen Bestand haben dürften. Hoch ist die „Verlustzahl“ auch im LK Karlsruhe (-27), im LK Rhein-Neckar (-26) und im Ostalbkreis (-24). Am geringsten ist der drohende Verlust im SK Heilbronn mit einem unmittelbaren Minus von zwei der elf Hauptschulen (vgl. Tabelle 33).

Tabelle 33: Zügigkeit, Gefährdung und Verlust von Hauptschulen nach Kreisen in Baden-Württemberg bei gegenwärtigem Schüleraufkommen (2008/09)

Kreis		Bstand-2008/09	HS bis 15.	HS 1-zg.	HS 2zg +.	Gefährdung: unter 2zg.	Verlust Abs. in %
01	S Stuttgart	35	5	12	18	17 (49%)	- 11 (31%)
02	L Böblingen	33	5	18	10	23 (70%)	- 14 (42%)
03	L Esslingen	49	10	21	18	31 (37%)	-19 (39%)
04	L Göppingen	28	9	7	12	16 (57%)	-12 (43%)
05	L Ludwigsburg	42	3	24	15	27 (64%)	-15 (36%)
06	L Rems-Murr	35	3	18	14	21 (60%)	-12 (34%)
07	S Heilbronn	11	1	1	9	2 (18%)	-2 (18%)
08	L Heilbronn	29	3	12	14	15 (52%)	-9 (31%)
09	L Hohenlohe	13	4	7	2	11 (85%)	-7 (54%)
10	L Schwäbisch Hall	27	10	12	5	22 (81%)	-16 (59%)
11	L Main-Tauber	21	8	11	2	19 (90%)	-13 (62%)
12	L Heidenheim	17	6	8	3	14 (82%)	-10 (59%)
13	L Ostalbkreis	42	15	18	9	33 (79%)	-24 (57%)
14	S Baden-Baden	5	0	5	0	5 (100%)	-2 (40%)
15	S Karlsruhe	26	8	15	3	23 (89%)	-15 (58%)
16	L Karlsruhe	52	15	24	13	39 (75%)	-27 (52%)
17	L Rastatt	28	8	14	6	22 (79%)	-15 (54%)
18	S Heidelberg	6	3	2	1	5 (83%)	-3 (50%)
19	S Mannheim	21	1	10	10	11 (52%)	-6 (29%)
20	L Neckar-Odenwald	23	7	12	4	19 (83%)	-13 (57%)
21	L Rhein-Neckar	50	12	28	10	40 (77%)	-26 (52%)
22	S Pforzheim	13	1	8	4	9 (69%)	-5 (38%)
23	L Calw	19	3	10	6	13 (68%)	-8 (42%)
24	L Enzkreis	23	6	13	4	19 (83%)	-12 (52%)
25	L Freudenstadt	17	5	8	4	13 (76%)	-9 (53%)
26	S Freiburg	10	3	4	3	7 (70%)	-5 (50%)
27	L Breisgau-Hoch.	34	21	8	5	29 (85%)	-25 (74%)
28	L Emmendingen	23	11	8	4	19 (83%)	-15 (65%)
29	L Ortenau	70	27	32	11	59 (84%)	-43 (61%)
30	L Rottweil	24	11	11	2	22 (79%)	-16 (67%)
31	L Schwarzwald-Baar	26	7	11	8	18 (69%)	-12 (46%)
32	L Tuttlingen	18	6	7	5	13 (72%)	-9 (50%)
33	L Konstanz	34	16	10	8	26 (76%)	-21 (62%)
34	L Lörrach	26	5	14	7	19 (73%)	-12 (46%)
35	L Waldshut	28	6	19	3	25 (89%)	-15 (54%)
36	L Reutlingen	34	15	13	6	28 (82%)	-21 (62%)
37	L Tübingen	23	8	11	4	19 (83%)	-13 (57%)
38	L Zollernalb	26	5	12	9	17 (65%)	-11 (42%)
39	S Ulm	10	3	2	5	5 (50%)	-4 (40%)
40	L Alb-Donau	27	7	12	8	19 (70%)	-13 (48%)
41	L Biberach	27	9	13	5	22 (81%)	-15 (56%)
42	L Bodensee	18	6	6	6	12 (67%)	-9 (50%)
43	L Ravensburg	38	13	15	10	28 (74%)	-20 (53%)
44	L Sigmaringen	15	3	8	4	11 (73%)	-7 (47%)
	Land insgesamt	**1.176**	**333**	**534**	**309**	**867 (73,7%)**	**-590 (50,2%)**

Quelle: Statistisches Landesamt Baden-Württemberg und eigene Berechnungen.

Planerische Berechnungsregel: Alle HS bis 15 Schüler/innen entfallen; die Schülerzahl der Zugänge wird gedrittelt.

Einen anderen Blick auf das Ausmaß des aktuellen Verlustes liefert der Ausweis über den Anteil der aufzulösenden Hauptschulen an allen 2008 noch vorhandenen. Dieser Verlust-Anteil fällt am höchsten mit 74% der Hauptschulen im LK Breisgau-Hochschwarzwald aus; ebenfalls als hoch ist dieser Verlustanteil im LK Rottweil (67%) und LK Emmendingen (65%) einzustufen; vier weitere Kreise folgen mit 62% bzw. 61%: der LK Main-Tauber, LK Konstanz, LK Reutlingen und LK Ortenau. In all diesen Kreisen steht eine massive Ausdünnung der Hauptschullandschaft an, wenn die Vorgaben zur Zügigkeit und Tragfähigkeit der Schulen, wie nun auch von der Landesregierung vertreten, eingehalten werden.

6.2.2 Zukunft der Hauptschulen: Rückgang der Schülerzahlen bis 2015/16

Ausgangspunkt für die Untersuchung der Zukunft der Hauptschulen, die sie nach Einschätzung der Landesregierung im Grunde nicht mehr hat, sind der Prognosewert für die Jahrgangsbreite zur Sekundarstufe ab 2015 und die Variation der Übergangsquote an die Hauptschule. Von der zukünftigen Jahrgangsstärke ausgehend und die Zugänge zur Hauptschule variierend (25%, 20% und 15%) kann somit ein gestuftes Bild der Schülerzahlen und Tragfähigkeit dieser Schulart gezeichnet werden. Diese Berechnungen sind grundsätzlich auch für die „Haupt-/Werkrealschule“ gültig, insofern sie das gleiche Schülerpotential ansprechen soll wie bislang die Hauptschulen mit oder ohne Werkrealschule.

Landesprognose überhöht die künftige Schülerschaft an den Hauptschulen

Auch im Fall der Einschätzung der zukünftigen Schülerzahl an den Hauptschulen ist es aufschlussreich, die Landesprognose den eigenen Berechnungen gegenüber zu stellen, vor allem auch bei dem Ausweis nach Kreisen. In beiden Fällen wird ein weiterer erheblicher Rückgang in der Schülerzahl an den Hauptschulen erwartet, insofern besteht grundsätzlich Übereinstimmung. Nach der Landesprognose beläuft sich die Abnahme der Schülerschaft an Hauptschulen bis 2015 auf ein Minus von 25,1%, das ist immerhin ein Viertel weniger; allerdings wird diese Minderung bezogen auf das Schuljahr 2006/07 und ein höherer Übergangsanteil wird weiterhin unterstellt (implizit noch nahe an 30%). Die daraus resultierende Prognose überschätzt daher die Schülerzahl in den Eingangsklassen der Hauptschulen ab 2015 erheblich: Sie soll sich nach dieser Vorausschätzung des Statistischen Landesamtes auf jährlich noch 27.456 Schüler/innen belaufen (vgl. Tabelle 34, S. 99).

Nach den eigenen Berechnungen anhand der Lebendgeborenen und der abgeleiteten Übergangsquoten vorn 25% (stabilisiert) bzw. 20% (trendfolgend) ergibt sich eine deutlich geringere Schülerzahl, welche die verbliebenen Haupt-/Werkrealschulen ab 2015 erwarten können: Bei 25% gewinnen sie noch 23.097, bei 20% nur 18.478 Schüler/innen für den Besuch dieser Schulart. Verglichen zur Landesprognose sind dies im günstigeren Fall (bei 25% Übergang) dann 4.359 Schüler/innen weniger, im ungünstigeren Fall (bei 20% Übergang) sogar

8.978 Schüler/innen weniger, die noch auf eine Haupt-/Werkrealschule überwechseln werden Die zukünftigen Schülerzahlen für die Hauptschule liegen nach den eigenen Berechnungen entweder um 16% (bei stabilisierten Übergang) oder um 32% (bei nachlassendem Übergang) niedriger als die der Landesprognose (vgl. Tabelle 34, ebd.).

Zukünftige Zahl der Hauptschüler/innen in den Kreisen bei 25% und 20% Übergang

Zwischen den Kreisen wird eine größere Varianz bei den Einbußen an den Hauptschulen sichtbar, unabhängig davon, welche Prognosemodelle verwendet und welche Übergangsquoten angenommen werden. Nach der Landesprognose weist der weitere Rückgang an Schüler/innen an den Hauptschulen im einbezogenen Zeitraum (2005 bis 20015) eine große Spannweite auf: Die Rückgangs-Quote reicht von -14% im SK Baden-Baden bis zu -31% für den LK Rottweil und den LK Zollernalb. Diese Aufstellung des Landes liefert als allgemeine Orientierung, dass zwar überall mit einem erheblichen weiteren Rückgang der Schüler an Hauptschulen zu rechnen ist, aber wegen der Differenzen eine Untersuchung des Ausmaßes und der Folgen nach Kreisen angebracht ist. Die Zukunftsdiagnose des Landes ist aber im Einzelnen bereits heute an vielen Orten hinfällig und von der Entwicklung überholt. Für die Schulentwicklungsplanung können sie daher vergleichend einbezogen werden, sollten aber den konkreten Planungen und Entscheidungen nicht zugrunde gelegt werden.

Die eigenen Berechnungen führen nicht in allen Kreisen zu zukünftig geringeren Schülerzahlen an den Hauptschulen im Vergleich zur Landesprognose, z. B. für Karlsruhe, Heidelberg und Freiburg. Das ist in all jenen Kreisen möglich, die schon gegenwärtig einen geringen Übergang zur Hauptschule haben, weshalb der pauschale Ansatz von 25% zu einer größeren, der Ansatz von 20% zu einer geringeren Überschätzung in diesen Kreisen führt. Daran zeigt sich die Notwendigkeit, einer letztlich differenzierten Analyse, die die Besonderheiten jedes Kreises hinsichtlich demographischer Entwicklung und Übergangsquoten beachtet.

Besonders große Abweichungen zwischen Landesprognose und eigenen Berechnungen haben sich vor allem für den Ortenaukreis (-578) ergeben; ebenfalls erheblich sind sie für den LK Karlsruhe (-452) und den LK Ravensburg (-423); schließlich fallen sie auch für den LK Heilbronn (-388), LK Ludwigsburg (-344), LK Lörrach und LK Rems-Murr (jeweils -323), LK Rhein-Neckar (-322) sowie LK Esslingen(-310) beträchtlich aus. In all diesen, immerhin neun Kreisen sind nach den eigenen Berechnungen gegenüber der Landesprognose zwischen 310 und 578 weniger Schüler/innen als Zugang für die Hauptschulen ab 2015 zu erwarten. Umgerechnet fehlen damit jeweils wenigstens 18 Hauptschulzüge, wenn sie ab 17 Schüler/innen in Klasse 5 eingerichtet werden; dies wiederum entspricht zwei vollständig zweizügigen Hauptschulen, die doch nicht gehalten werden können.

Die Konsequenz für einen möglichen Schulbestand lässt sich beispielhaft aufzeigen: Während z.B. gemäß der Landesprognose im Ortenaukreis 2015 noch 1.295 Schüler/innen zu einer Haupt-/Werkrealschule wechseln sollten, sind es gemäß den eigenen Vorausschätzungen nur 897 bzw. 717 Schüler/innen für den ganzen Kreis. Im ersten Fall könnte das für 38 Hauptschulen planerisch reichen (Zweizügigkeit mit 34 Schüler/innen im Jahrgang); im zweiten Fall kämen nur 21 und 26 Hauptschulen mit jeweils zwei Zügen zustande. Diese beachtlichen Differenzen für die Hauptschullandschaft sollen aber nicht verdecken, dass in beiden Fällen von den gegenwärtigen 70 Hauptschulen zumindest 32 nicht mehr Bestand haben können, wahrscheinlich sogar mehr – bis hin zu 50 Hauptschulen weniger. Es lohnt sich folglich, die Möglichkeiten in den Kreisen und Gemeinden genauer auszuloten, nicht nur was die herkömmlichen Schulen im dreigliedrigen Schulwesen für die wohnortnahe Schulversorgung leisten, sondern auch was alternative Modelle wie die Verbundschule und die Sekundarschule zur Wahrung und Erweiterung des Schulangebotes vor Ort ermöglichen.

In einigen Kreisen sind die Differenzen gering, und zwar in auffälliger Weise fast nur bei den Stadtkreisen wie Stuttgart, Karlsruhe, Baden-Baden, Freiburg, Ulm - und dem LK Tübingen. Das liegt vor allem daran, dass in diesen Städten der demographischen Abschwung weniger ausgeprägt abläuft im Vergleich zu vielen Landkreisen und dass vor allem die Abwendung von der Hauptschule schon früher vollzogen worden ist. In den meisten Landkreisen hat sie erst in den letzten drei Jahren verstärkt eingesetzt und dürfte sich dort in den nächsten Jahren unvermindert fortsetzen, während bei den Stadtkreisen vielfach die „Talsohle" bei den Übertritten auf die Hauptschule fast erreicht ist.

Es sind durchweg Landkreise, die größere Einbußen in ihrer Hauptschullandschaft werden hinnehmen müssen, weil die Schülerzahl besonders stark zurückgehen wird – bezogen auf das aktuelle Schuljahr 2008/09 und bei einem zukünftigen Übergang von 20% oder 25%. Einen Rückgang in der Schülerzahl von 40% und mehr (bis zu -45%) gegenüber den aktuellen Zahlen haben dann 12 Kreise zu verkraften: LK Göppingen, LK Heilbronn, LK Main-Tauber, LK Heidenheim, LK Rhein-Neckar, LK Enzkreis, LK Breisgau-Hochschwarzwald, LK Schwarzwald-Baar, LK Waldshut, LK Alb Donau, LK Biberach und LK Sigmaringen.

Tabelle 34: Zukünftige Schülerzahlen an den Hauptschulen in den Kreisen in Baden-Württemberg: Landesprognose und eigene Berechnungen (2015 - 2020)

Kreis		Landesprognose 2015			Eigene Prognose 2015 - 2020			
		Minus zu 2006	Schüler insg.	Jahrg. mittel	Schülerpotential	Zugang HS		Minus zu 2008
						25%	20%	
01	S Stuttgart	- 21%	5.330	1.066	5508	1.377	1.102	-17%
02	L Böblingen	- 22%	4.275	855	3390	848	678	-23%
03	L Esslingen	- 19%	6.185	1.237	4636	1159	927	-23%
04	L Göppingen	- 27%	3.480	696	2095	524	419	**-43%**
05	L Ludwigsburg	- 21%	6.475	1.295	4756	1189	951	-26%
06	L Rems-Murr	- 25%	5.145	1.029	3528	882	706	-32%
07	S Heilbronn	-20%	1.985	397	1136	284	227	-24%
08	L Heilbronn	- 26%	4.735	947	2796	699	559	**-45%**
09	L Hohenlohe	- 27%	1.485	297	961	240	192	-38%
10	L Schw. Hall	- 28%	2.935	587	1684	421	337	-27%
11	L Main-Tauber	-27%	1.830	366	1047	262	209	**-45%**
12	L Heidenheim	-29%	1.835	367	1061	265	212	**-43%**
13	L Ostalbkreis	-28%	4.155	831	2765	691	553	-38%
14	S Baden-Baden	-14%	525	105	384	96	77	-25%
15	S Karlsruhe	22%	2.490	498	2540	635	508	-17%
16	L Karlsruhe	-24%	5.780	1.156	3520	880	704	-37%
17	L Rastatt	-25%	2.945	589	1780	445	356	-38%
18	S Heidelberg	-17%	695	139	1200	300	240	+18%
19	S Mannheim	-24%	3.485	697	2729	682	546	-15%
20	L Neckar-Odenw.	-28%	2.340	468	1207	302	241	-38%
21	L Rhein-Neckar	-21%	6.060	1.212	4449	1112	890	**-40%**
22	S Pforzheim	-23%	1.625	325	1062	265	212	-17%
23	L Calw	27%	2.365	473	1291	323	258	-35%
24	L Enzkreis	30%	2.375	475	1490	373	298	**-44%**
25	L Freudenstadt	-27%	1.780	356	1015	254	203	-35%
26	S Freiburg	-15%	1.715	343	2007	502	401	-17%
27	L Breisgau-Hoch.	-25%	2.925	585	2128	532	426	**-42%**
28	L Emmendingen	-24%	2.155	431	1320	330	264	-34%
29	L Ortenau	-27%	6.475	1.295	3587	897	717	-33%
30	L Rottweil	**-31%**	2.160	432	1216	304	243	-34%
31	L Schwarzw.-Baar	-26%	3.205	641	1733	433	347	**-41%**
32	L Tuttlingen	-24%	2.295	459	1272	318	254	-32%
33	L Konstanz	-22%	3.450	690	2178	544	436	-36%
34	L Lörrach	-28%	3.360	672	1743	436	349	-37%
35	L Waldshut	-29%	2.675	535	1347	337	269	**-41%**
36	L Reutlingen	-27%	3.575	715	2396	599	479	-33%
37	L Tübingen	-25%	2.000	400	1962	491	392	-35%
38	L Zollernalb	**-31%**	2.885	577	1583	396	317	-38%
39	S Ulm	-26%	1.165	233	1152	288	230	-14%
40	L Alb-Donau	-26%	2.865	573	1712	428	342	**-43%**
41	L Biberach	-28%	2.945	589	1753	438	351	**-44%**
42	L Bodensee	-24%	2.655	531	1686	421	337	-30%
43	L Ravensburg	-27%	4.555	911	2439	610	488	-30%
44	L Sigmaringen	**-31%**	1.895	379	1155	289	231	**-43%**
	Land insgesamt	**- 25%**	**137.280**	**27.456**	**92.389**	**23.097**	**18.478**	**-33%**

6.2.3 Zukünftiger Bestand und Verlust an Hauptschulen

Die Schülerzahlen sind ein Hilfsmittel, um zu eruieren, wie die zukünftige Lage der Hauptschulen sein wird: Welche Zügigkeit können sie erreichen, welche von ihnen sind gefährdet, welche werden der Einrichtung neuer Werkrealschulen geopfert und wie hoch können letztlich die Verluste bei Auflösung von zu kleinen Hauptschulen ausfallen.

Eine besondere Herausforderung stellt die differenzierte Analyse zur Entwicklung der Hauptschulen dar, um ihren zukünftigen Bestand und Verlust zu klären. Sie erweist sich als notwendig, denn pauschale Berechnungen die auf einer allgemeinen Übergangsprognose beruhen oder die Schülerschaft pauschal (rechnerisch „optimal") verteilen, werden den regional unterschiedlichen Bedingungen der Kommunen und Schulen nur eingeschränkt gerecht.

Zur Methode der differenzierten, kreisweisen Analyse: zwei Schritte

Eine differenzierte Berechnung hat für die Kreise die unterschiedliche demographische Entwicklung und die unterschiedlichen Übergangsquoten als Grundlage zu nehmen, um von daher die zukünftige Verringerung der Schülerzahl für die Hauptschulen zu bestimmen. Diese Berechnung erfolgt in zwei Schritten: Zuerst wird die Prognose der Schülerzahl für jede Hauptschule in den Kreisen gemäß dessen spezifischen Ausgangssituation vorgenommen; danach wird die Einstufung hinsichtlich Bestand und Verlust der Hauptschulen und ihre Aggregierung für den Kreis berechnet.

Anhand des Prognosewertes für die Schülerschaft an den Hauptschulen in den Kreisen für 2015 - 2018 kann der Rückgang für den Zeitraum seit 2008 für jeden Kreis spezifisch bestimmt werden. Um die Ausgangslage der Schulen zu berücksichtigen, wird diese Verringerung für jede einzelne Schule nachgerechnet und dann gemäß der erwartbaren Schülerschaft aggregiert. Anhand dieser Maßzahl über die jeweilige Schülerschaft pro Jahrgang können alle Schulen nach ihrer zukünftigen Zügigkeit eingestuft werden. Nunmehr werden die Schulen mit gesicherter Zweizügigkeit zum weiteren Bestand gezählt und die labil zweizügigen Schulen erhalten aus der verbliebenen Schülerzahl einen Zuschlag zur nachhaltigen Absicherung (pro Schule 10 Schüler/innen). Die danach noch vorhandene Schülerschaft verbleibt für die Schulen unter der Zweizügigkeit, auf die sie nach dem Modus der Voraussetzung von 40 Schüler/innen pro Jahrgang verteilt werden. Die Menge dieser Schulen wird ebenfalls zum Bestand hinzugezählt. Die Summe dieser Teilmengen ergibt den zukünftig gesicherten Bestand an Hauptschulen in den Kreisen mit jeweils zwei Zügen; die Differenz gegenüber dem aktuellen Bestand (2008/09) kennzeichnet dann den erwartbaren Verlust an Hauptschulen im jeweiligen Kreis.

Bestand und Verlust von Hauptschulen nach Kreisen

Eine wichtige Voraussetzung dieser Analyse ist die Bestimmung des anteiligen Rückgangs in der Schülerschaft an den Hauptschulen für jeden Kreis. Nach der Prognose für die Hauptschülerschaft ist für das Land insgesamt eine Verringerung um 33% anzunehmen. Die Bandbreite der Verringerung an Hauptschüler/innen ist zwischen den Kreisen erheblich (zwischen 14% und – 45%). Wird diese spezifische kreisweise Minderung allen Hauptschulen des Kreises zugerechnet, dann sind sie den Gefährdungsstufen zuzuordnen: unter Klassenbildung (bis 15 Schüler/innen), Einzügigkeit (16 bis 30 Schüler/innen), Zweizügigkeit (31 bis 60 Schüler/innen) und Dreizügigkeit (61 und mehr Schüler/innen).

Nach dieser differenzierten kreisweisen Untersuchung werden **bis 2015 insgesamt 662 Hauptschulen keine Klasse** mehr bilden können; das sind 60% aller vorhandenen Hauptschulen. Ihre Zahl wird sich demnach fast verdoppeln, denn aktuell haben 333 Hauptschulen so wenige Schüler/innen. Es ist anzunehmen, dass diese Hauptschulen mittel- und langfristig in ihrem Bestand durchweg bedroht sind. Ihre Lehrerversorgung wird verringert (Krankheitsvertretungen), die Akzeptanz in der Elternschaft verfällt weiter und sie verlieren ihre letzten Schüler/innen an die neuen „Haupt-/Werkrealschulen“, wenn die Einzugsbezirke abgeschafft sind. Es ist keine übertriebene Erwartung, dass alle diese Hauptschulen aufgelöst werden (auch um andere einzügige, benachbarte Hauptschulen aufzufüllen und eine Werkrealschule zu ermöglichen).

Weitere 403 der vorhandenen Hauptschulen werden zwar absehbar die Einzügigkeit halten können, bleiben aber unter 31 Schüler/innen im jährlichen Zugang. Aktuell (2008/09) konnten noch 534 Hauptschulen wenigstens eine solche Einzügigkeit vorweisen. Daraus folgt, dass in den nächsten fünf Jahren 202 Hauptschulen unter die Einzügigkeit abgleiten werden. Nur noch insgesamt 111 Hautschulen werden 2015 allein noch die Zweizügigkeit (61 Schulen) oder die Dreizügigkeit (50 Schulen) erreichen können. Gegenwärtig gehören immerhin beachtliche 309 Hauptschulen dieser Größenordnung an. Schulen dieser Größe werden um fast zwei Drittel in den nächsten fünf Jahren zurückgehen.

Bei der kreisbezogenen Analyse zum möglichen Verlust der Hauptschulen können allein diese 111 zwei- und dreizügigen Hauptschulen als in ihrem Bestand zukünftig gesichert gelten. Sie kommen in erster Linie als eine „Haupt-/Werkrealschule“ in Frage. Alle anderen 1.065 Hauptschulen sind auf eine Kooperation als Partner von zwei einzügigen Hauptschulen angewiesen oder müssen die Schülerschaft aufgelöster Hauptschulen übernehmen (können). Wird die verbliebene Schülerschaft optimal auf die Hauptschulen in den benachbarten Gemeinden verteilt, ergibt sich der mögliche Bestand, der durch „Zusammenlegung“ erreichbar ist: Es handelt sich um 357 Hauptschulen. Insgesamt könnten somit 472 Hauptschulen das „Hauptschulsterben“ der nächsten Jahre überstehen. Hinzunehmen wäre der **Verlust von 704 Hauptschulen** oder 60% des gegenwärtigen Bestandes (vgl. Tabelle 35, S. 103).

Ob die Zahl von 468 zukünftig gesicherter „Haupt-/Werkrealschulen" tatsächlich erreicht werden kann, ob dieses optimierte Verfahren der Schülerzuteilung in der konkreten regionalen Konstellation völlig realisiert wird, ist allerdings zu bezweifeln. Für die realistische Diagnose von Bestand und Verlust ist es nötig, auf die Verhältnisse in den einzelnen Kreisen und Gemeinden einzugehen, wie es in den Regionalgutachten vorgenommen wird. Danach sind im **Bodenseekreis** aufgrund der Lage der Hauptschulen nur 6 gesichert 2-zügig, 3 bleiben einzügig – der Verlust umfasst wahrscheinlich 10 – 11 statt der hier veranschlagten 9 Hauptschulen. Im **LK Ravensburg** dürfte sich der Verlust tatsächlich auf 26 von 38 Hauptschulen erhöhen, statt wie hier vermutet bei 22 zu bleiben. Auch in Stadt und Land **Heilbronn** wird sich die pauschale planerische Zurechnung nicht halten lassen: Im Landkreis werden 17 Hauptschulen (statt 15) und in der Stadt 5 (statt 4) Hauptschulen verloren gehen.

Sowohl in der **Problematik vor Ort** als auch hinsichtlich der **landesweiten Aggregierung** ist diese Zunahme beim Verlust an Hauptschulen beträchtlich. Sie spricht dafür, den absehbaren Verlust sogar noch höher anzusetzen, als es die kreisweise differenzierte Analyse aufgewiesen hat. Nach den Befunden der vorliegenden Regionalgutachten muss davon ausgegangen werden, dass aufgrund der konkreten regionalen Konstellation und örtlichen Lage im Schnitt pro Kreis zwei Hauptschulen weniger als gesicherter Bestand gehalten werden können als die kreisweise Analyse nahe legt. Danach wäre bis 2020 ein Verlust von mehr als 800 Hauptschulen nicht nur im Bereich des Möglichen, sondern recht wahrscheinlich.

Tabelle 35: Bestand und Verlust von Hauptschulen, kreisbezogen, für 2015 – 2020

Kreis	Bestand 2008	krsw. Minus in %	bis 15 Sch	bis 30 Sch	bis 35 Sch	36 u.m	Bestand 2015			*Verlust*
							komm.	zus.	Insg.	
S Stuttgart	35	-17%	7	17	7	4	11	11	22	*-13*
L Böblingen	33	-23%	9	19	4	1	5	13	18	*-15*
L Esslingen	49	-23%	18	24	6	1	7	18	25	*-24*
L Göppingen	28	-43%	13	15	-	-	0	10	10	*-18*
L Ludwigsburg	42	-26%	13	20	5	4	9	15	24	*-18*
L Rems-Murr	35	-32%	13	13	4	5	9	9	18	*-17*
S Heilbronn	11	-24%	1	5	3	2	5	2	7	*-4*
L Heilbronn	29	-45%	12	13	2	2	4	10	14	*-15*
L Hohenlohe	13	-38%	6	6	-	1	1	4	5	*-8*
L Schw.-Hall	27	-27%	15	7	2	3	5	6	11	*-16*
L Main-Tauber	21	-45%	18	3	-	-	0	5	5	*-16*
L Heidenheim	17	-43%	11	4	2	-	2	4	6	*-11*
L Ostalbkreis	42	-38%	28	13	1	-	1	13	14	*-28*
S Baden-Baden	5	-25%	3	2	-	-	0	2	2	*-3*
S Karlsruhe	26	-17%	15	8	3	-	3	7	10	*-16*
L Karlsruhe	52	-37%	28	23	1	-	1	17	18	*-34*
L Rastatt	28	-38%	18	9	1	-	1	8	9	*-19*
S Heidelberg	6	+18%	2	2	1	1	2	1	3	*-3*
S Mannheim	21	-15%	3	8	5	5	10	4	14	*-7*
L Neckar-Od.	23	-38%	17	5	1	-	1	7	8	*-15*
L Rhein-Neckar	50	-40%	34	14	1	1	2	15	17	*-33*
S Pforzheim	13	-17%	2	8	1	2	3	4	7	*-6*
L Calw	19	-35%	9	9	-	1	1	7	8	*-11*
L Enzkreis	23	-44%	19	4	-	-	0	7	7	*-16*
L Freudenstadt	17	-35%	12	3	1	1	2	5	7	*-10*
S Freiburg	10	-17%	5	3	-	2	2	3	5	*-5*
L Breisgau-H.	34	-42%	27	7	-	-	0	8	8	*-26*
L Emmend.	23	-34%	17	6	-	-	0	7	7	*-16*
L Ortenau	70	-33%	50	17	2	1	3	20	23	*-47*
L Rottweil	24	-34%	17	7	-	-	0	8	8	*-16*
L Schw.-Baar	26	-41%	17	6	1	2	3	6	9	*-17*
L Tuttlingen	18	-32%	10	6	-	2	2	6	8	*-10*
L Konstanz	34	-36%	21	12	1	-	1	10	11	*-23*
L Lörrach	26	-37%	16	7	-	3	3	8	11	*-15*
L Waldshut	28	-41%	19	9	-	-	0	8	8	*-20*
L Reutlingen	34	-33%	24	10	-	-	0	12	12	*-22*
L Tübingen	23	-35%	18	4	1	-	1	7	8	*-15*
L Zollernalb	26	-38%	14	11	-	1	1	9	10	*-16*
S Ulm	10	-14%	3	3	1	3	4	2	6	*-4*
L Alb-Donau	27	-43%	18	9	-	-	0	9	9	*-18*
L Biberach	27	-44%	20	7	-	-	0	9	9	*-18*
L Bodensee	18	-30%	9	6	1	2	3	6	9	*-9*
L Ravensburg	38	-30%	22	13	3	-	3	13	16	*-22*
L Sigmaringen	15	-43%	9	6	-	-	0	6	6	*-9*
Land	**1.176**	**-33%**	**662**	**403**	**61**	**50**	**111**	**357**	**472**	***-704***

Quelle: Statistisches Landesamt und eigene Berechnungen.

6.2.4 Vergleich der Optionen für Auflösung und Bestand an Hauptschulen

Die Planungsanalysen zur Schulentwicklung haben aufzuzeigen, was gegenüber dem jetzigen Bestand an Wahrung und Verlust bei den Hauptschulen zu erwarten ist. Daraus ergibt sich anhand verschiedener Optionen eine Spannweite möglicher Verluste oder des Fortbestandes. Langfristig soll es in der Regel hauptsächlich die zweizügige Haupt-/Werkrealschule geben, daneben aber auch die Kooperation zweier einzügiger Hauptschulen als „Werkrealschule" „im Einzelfall" möglich sein. Daneben könnten formell kleine Hauptschulen bestehen, die keine 10. Klasse der Werkrealschule führen (nur den Hauptschulabschluss vermitteln); jedoch ist es fraglich, ob der Schulträger solche Hauptschulen weiter führt und ob das Land sie hinreichend mit Lehrkräften ausstattet

Vor diesem Hintergrund ergeben sich verschiedene Möglichkeiten, den Bestand und Verlust bei den Hauptschulen planerisch-rechnerisch zu ermitteln. Mit diesen planerisch-rechnerischen Möglichkeiten sind Optionen für deren Realisierung verbunden. Danach ergeben sich drei Optionen für die Berechnung und die erwartbaren Folgen (vgl. Tabelle 36, S. 106):

- das aktuelle Verlustpotential bei den Hauptschulen, wie es bereits 2008/09 vorhanden und nach ihrer Gefährdungsstufe anhand der Schülerzahl und Zügigkeit bestimmbar ist, wird unmittelbar realisiert;
- das zukünftige Verlustpotential bei optimaler Verteilung der Schülerschaft auf die Hauptschulen im Kreis für 2015 und später; dabei kann diese globale Berechnung nach der Übergangsquote von 25% (stabilisiert) und von 20% (trendfolgend) variiert werden;
- das kreisweise differenzierte Verlustpotential, das von den einzelnen Hauptschulen her mit regional angepasster Prognose des zukünftigen Zugangs berechnet wird, um dann für die Kreise aggregiert zu werden.

Diese verschiedenen Berechnungsweisen führen nahe liegend zu verschiedenen Resultaten, die allerdings in unterschiedlicher Weise allgemein realisiert werden könnten. So sind die beiden ersten Möglichkeiten und Optionen als planerischer Ausweis hilfreich, ohne dass angenommen werden kann, sie würden in dieser Weise überwiegend realisiert.

Die erste, **aktuelle Möglichkeit** ist insofern **„irreal"**, als sie eben nicht angewandt wurde; aber sie vermag den vorhandenen Problemdruck in den Kreisen und Gemeinden zu verdeutlichen und aufzuzeigen, wie marode die Hauptschullandschaft bereits war, ohne dass eine gründliche Sanierung erfolgt ist. In ihrer „Irrealität" macht sie zugleich anschaulich, wie sehr diese Realität unzureichender Tragfähigkeiten verdrängt wurde.

Die zweite, **optimale Möglichkeit** ist insofern **„illusionär"** als eine „optimale Verteilung" der Schülerschaft durchweg nicht möglich ist; denn die gleichmäßige Zuteilung der Schülerschaft auf die Schulen des Kreises, so dass möglichst viele zweizügig bleiben, scheitert oftmals an den differenzierten Schulgrößen, den lokalen Standorten und am politischen Willen. Dennoch sind diese Bestimmungen aufschlussreich, weil sie aufzeigen wie groß der Verlust bei den Hauptschulen selbst bei optimaler Aufteilung wäre. Dieser „Illusionismus“ macht zugleich anschaulich, dass eine breite Bestandswahrung von Hauptschulen Wunschdenken ist.

Die dritte, **differenzierte Möglichkeit** kann am ehesten beanspruchen, **„realistisch“** zu sein, indem sie sich genauer und nicht pauschalisiert auf das unterschiedliche Ausmaß des Rückgangs von Schüler/innen für die Hauptschulen in den Kreisen einlässt. Sie geht dabei von der zukünftig erwartbaren Schülerzahl der einzelnen Schulen aus und bestimmt deren Zügigkeit und darüber den möglichen Bestand oder die drohende Auflösung.

Es ist aber einzuräumen, dass selbst diese „realistische“ Berechnungsvariante der harten Wirklichkeit, wie sie ernsthaft zu erwarten ist, nicht ganz gerecht wird. Denn bei der Verteilung der Schülerschaft an die kleinen Hauptschulen unterhalb der Zweizügigkeit muss auch diese Berechnungsweise pauschalisiert verfahren, selbst wenn sie die optimale Zuordnung einschränkt: statt 34 oder 36 Schüler/innen pro Schule anzusetzen, wird der Maßstab auf 40 Schüler/innen etwas erhöht.

Offenbar sind die regionalen und lokalen Bedingungen dergestalt, dass eine solche Aufteilung der Schülerschaft kleiner Hauptschulen nur in seltenen Fällen gelingen kann – die betroffenen sehr kleinen Hauptschulen liegen meistens zu weit auseinander und bei geringerer Schülerzahl müssten mehrere Hauptschulen schließen, ehe eine tragfähige Schule daraus gebildet werden kann. Diese Einschätzung wird durch die konkreten regionalen Gutachten bestätigt: In allen bislang untersuchten Kreisen (Ravensburg, Bodensee, Heilbronn mit Stadt und Land sowie Rhein-Neckar mit Heidelberg oder Ortenau und Emmendingen), ergibt die konkrete Analyse unter Beachtung der lokalen Gegebenheiten und Zuordnungsmöglichkeiten ein Mehr beim Verlust von Hauptschulen gegenüber der „differenzierten, kreisweisen Variante“, wie sie hier als Annäherung an die Realität in den Kreisen möglich war. Insofern sind die vorgelegten Zahlen zum zukünftigen Bestand an Haupt-/Werkrealschulen eher günstige Auslegungen für dessen Wahrung.

Die Differenzen in den Befunden über möglichen Bestand und Verlust bei den Hauptschulen sollten aber nicht zu Unklarheiten führen, sondern die Spannweite der möglichen Veränderungen aufzeigen, je nach gewählter Berechnungsweise. Nach Ansatz und Verfahren muss aber die Befundlage der kreisweise differenzierten Analyse als realistisches Panorama der zukünftigen Hauptschullandschaft in den Kreisen genommen werden, sowohl den zahlenmäßigen Umfang des Verlustes von Hauptschulen betreffend als auch im Hinblick auf die Ausdünnung der Hauptschullandschaft, erkennbar an den Anteilswerten für die Verluste gegenüber dem jetzigen Bestand (2008/09). Die gewählte Vorgehensweise ist letztlich von den politischen Präferenzen und Konstellationen in den Kreisen und Kommunen abhängig; sie sollen durch solche Planungsanalysen unterstützt, aber nicht vorweggenommen werden.

Tabelle 36: Vergleich zum Bestand und Verlust an Hauptschulen nach planerischen Berechnungsvarianten in den Kreisen in Baden-Württemberg 2015 - 2020

Kreis		Schulen 08/09	aktuelles Verlust-potential.		Schulzahl bei optimaler Verteilung bei 25%		Schulzahl bei optimaler Verteilung **bei 20%**		kreisw. aggr. Bestand	kreisw. aggr. Verlust	Ver-lust in %
01	S Stuttgart	35	24	-11	44	+9	36	+1	22	-13	37%
02	L Böblingen	33	19	-14	27	-6	22	-11	18	-15	45%
03	L Esslingen	49	30	-19	37	-12	30	-19	25	-24	49%
04	L Göppingen	28	16	-12	17	-11	14	-14	10	-18	64%
05	L Ludwigsburg	42	27	-15	38	-4	31	-11	24	-18	43%
06	L Rems-Murr	35	23	-12	28	-7	23	-12	18	-17	49%
07	S Heilbronn	11	9	-2	9	-2	7	-4	7	-4	36%
08	L Heilbronn	29	20	-9	23	-6	18	-11	14	-15	52%
09	L Hohenlohe	13	6	-7	8	-5	6	-8	5	-8	62%
10	L Schwäbisch-Hall	27	11	-16	14	-13	11	-16	11	-16	59%
11	L Main-Tauber	21	8	-13	8	-13	7	-14	5	-16	76%
12	L Heidenheim	17	7	-10	9	-8	7	-10	6	-11	65%
13	L Ostalbkreis	42	18	-24	22	-20	18	-24	14	-28	67%
14	S Baden-Baden	5	3	-2	3	-2	2	-3	2	-3	60%
15	S Karlsruhe	26	11	-15	20	-6	16	-10	10	-16	62%
16	L Karlsruhe	52	15	-27	28	-24	23	-29	18	-34	65%
17	L Rastatt	28	13	-15	14	-14	11	-17	9	-19	68%
18	S Heidelberg	6	3	-3	10	+4	8	+2	3	-3	50%
19	S Mannheim	21	15	-6	22	+1	18	-3	14	-7	33%
20	L Neckar-Odenw.	23	10	-13	10	-13	8	-15	8	-15	65%
21	L Rhein-Neckar	50	24	-26	36	-14	29	-21	17	-33	66%
22	S Pforzheim	13	8	-5	9	-4	7	-6	7	-6	46%
23	L Calw	19	11	-8	10	-9	8	-11	8	-11	58%
24	L Enzkreis	23	11	-12	12	-11	10	-13	7	-16	70%
25	L Freudenstadt	17	8	-9	8	-9	7	-10	7	-10	59%
26	S Freiburg	10	5	-5	16	+6	13	+3	5	-7	70%
27	L Breisgau-Hoch.	34	9	-25	17	-17	14	-20	8	-26	76%
28	L Emmendingen	23	8	-15	11	-12	9	-14	7	-16	70%
29	L Ortenau	70	27	-43	29	-41	23	-47	23	-47	67%
30	L Rottweil	24	8	-16	10	-14	8	-16	8	-16	67%
31	L Schwarzw.-Baar	26	14	-12	14	-12	11	-15	9	-17	65%
32	L Tuttlingen	18	9	-9	10	-8	8	-10	8	-10	56%
33	L Konstanz	34	13	-21	18	-16	14	-20	11	-23	68%
34	L Lörrach	26	14	-12	14	-12	11	-15	11	-15	58%
35	L Waldshut	28	13	-15	11	-17	9	-19	8	-20	71%
36	L Reutlingen	34	13	-21	19	-15	15	-19	12	-22	65%
37	L Tübingen	23	10	-13	16	-7	13	-10	8	-15	65%
38	L Zollernalb	26	15	-11	13	-13	10	-16	10	-16	62%
39	S Ulm	10	6	-4	9	-1	7	-3	6	-4	40%
40	L Alb-Donau	27	14	-13	14	-13	11	-16	9	-18	67%
41	L Biberach	27	12	-15	14	-13	11	-16	9	-18	67%
42	L Bodensee	18	9	-9	14	-4	11	-7	9	-9	50%
43	L Ravensburg	38	18	-20	20	-18	16	-22	16	-22	58%
44	L Sigmaringen	15	8	-7	9	-6	7	-8	6	-9	60%
	Land insgesamt	**1.176**	**589**	**-590**	**745**	**-431**	**596**	**-580**	**468**	**-704**	**-60%**

Voraussichtliche Auflösung und Bestand von Hauptschulen in den Kreisen

Erwartungsgemäß ist der mögliche Verlust an Hauptschulen bei der optimalen Gleichverteilung der Schülerschaft mit der günstigen Variante von 25% zukünftigem Übergang an die Haupt-/Werkrealschulen am vergleichsweise geringsten: Aber selbst unter diesen „illusionären" Annahmen sind dann 431 Hauptschulen aufgelöst, eine Verringerung um gut ein Drittel des Bestandes (-36,6%). Wird der Übergang auf 20% gesetzt, die wahrscheinlichere Variante, dann steigt der Verlust auf 580 Hauptschulen, was fast der Hälfte des gegenwärtigen Bestandes entspricht (-49,3%). In der Summe führt auch die Berechnung zum „aktuellen Verlustpotential" für das Land zu einem fast gleich lautenden Resultat: Danach sind 590 Hauptschulen unmittelbar von der Auflösung bedroht (oder ihre Auflösung ist bereits beschlossen); dies ist fast genau die Hälfte der jetzigen Hauptschulen (vgl. Tabelle 36, S. 106).

6.2.5 Schülerpotential für die Hauptschulen in den einzelnen Gemeinden

Aufgrund des allgemeinen Schülerpotentials kann für jede Gemeinde das spezifische zukünftige Schüleraufkommen für eine Hauptschule bzw. zukünftig Werkrealschule je nach Übergangsquote berechnet werden – unabhängig davon, ob in dieser Gemeinde eine Hauptschule gegenwärtig oder zukünftig besteht oder nicht. Daraus wird ersichtlich, in welchem Umfang die Gemeinden des Landes kommunal eigenständig in der Lage wären, eine tragfähige Hauptschule vorzuhalten oder eine Werkrealschule einzurichten.

Aufgrund ihrer Größe kann die überwiegende Mehrheit der Gemeinden nicht einmal die Schülerschaft für eine einzügige Hauptschule zukünftig aufbringen, fast unabhängig von der Übergangsquote. Bei einer Übergangsquote von 25%, wie gegenwärtig landesweit, bleiben gut zwei Drittel (68,8%) der 1.109 Gemeinden unter der Zahl von 16 Hauptschüler/innen; fällt der Übergang auf 20% stiegt dieser Anteil auf 75,7% der Gemeinden, in absoluten Zahlen: 839 Gemeinden, die nicht einmal das Schülerpotential für ein einzügige Hauptschule erreichen. Sollte längerfristig die Übergangsquote auf 15% fallen, wie bereits in einigen Kreisen absehbar, dann hätten 83% aller Gemeinden weniger als 16 Hauptschüler/innen pro Jahrgang zu erwarten. Dies trifft dann für die beträchtliche Zahl von 923 Gemeinden zu, die allein keine einzügige Hauptschule gesichert vorhalten könnten (vgl. Tabelle 37, S. 109).

Noch eindrücklicher wird das Bild, wenn die Messlatte für eine Hauptschule in den Gemeinden höher und auf zumindest 31 Schüler/innen gelegt wird, damit lokal eine zweizügige Haupt-/Werkrealschule möglich wäre. Die Zahl der Gemeinden mit solchem Schülerpotential bleibt bei allen drei Varianten des Übergangs überschaubar: Bei 25% Übergang sind es 144 Gemeinden (13%), bei 20% Übergang, der wahrscheinlichere Fall, sind es 111 Gemeinden (genau 10%) und bei einem niedrigeren Übergang von 15% sind es nicht mehr als noch 78 Gemeinden (7%), die eigenständig die Schülerschaft für eine solche Hauptschule mit 2 Zügen aufbringen – und dabei ist der Klassenteiler eher wieder günstiger als gegenwärtig angesetzt (bei 31 statt bei 33 bzw. sogar 36 Schüler/innen).

Dies kann als gewisse Richtgröße genommen werden: Zukünftig werden höchsten 111 Gemeinden, d.h. nur jede zehnte im Land, eigenständig kommunal eine Hauptschule vorhalten können, wenn zwei Züge, wie für die Haupt-/Werkrealschule, verlangt werden. Die anderen annähernd 1000 Gemeinden sind auf Kooperationen mit Nachbargemeinden für den Erhalt einer Haupt-Werkrealschule angewiesen oder werden durch die Schule einer größere Nachbargemeinde mit versorgt.

Es verlangt einen eigenen Berechnungsmodus, um anhand dieser Daten zu bestimmen, in wie vielen Gemeinden planerisch dann noch eine Haupt-Werkrealschule vorgehalten werden kann, wenn auch Zusammenlegungen und Verluste von Schulen (bei Übernahme der Schülerschaft zur Sicherung anderer Schulen) in Betracht gezogen werden. Geht man davon aus, entsprechend der Analyse zur aktuellen Gefährdung der Hauptschulen, dass in Fällen mit einem Schülerpotential unterhalb der Einzügigkeit keine Schule mehr zustande kommt, so bleiben alle diese Gemeinden zukünftig ohne Hauptschule, unabhängig davon, ob gegenwärtig eine Hauptschule am Ort besteht. Wird die Schülerschaft dieser Gemeinden ohne Hauptschule dann zur Gewinnung der Zweizügigkeit bei jenen Gemeinden mitgezählt, die nur über das Schülerpotential für eine einzügige Hauptschule verfügen, dann ist zu unterstellen, freilich etwas überschätzt, dass die Hälfte dieser Gemeinden dann doch das verlangte Schülerpotential für eine zweizügige Haupt-/Werkrealschule erreichen könnten.

Um die Befunde angemessen einzuschätzen, kann zur Orientierung genommen werden, dass gegenwärtig bereits 328 Gemeinden ohne eine Hauptschule (oder auch andere Schule der Sekundarstufe) sind. Wie sieht es wahrscheinlich in der Zukunft aus, wenn wir den Übergang von 20% unterstellen: Dann bleibt die große Zahl von 920 Gemeinden ohne hinreichend eigenes Schülerpotential für eine Haupt/-Werkrealschule. Eher können dann Realschulen und Gymnasien in mehr Gemeinden vertreten sein, wenn man von den jetzigen Standorten ausgeht. Denn ohne Realschule sind dann 776 Gemeinden, ohne Gymnasium 883 Gemeinden aber ohne Hauptschule 920 Gemeinden.

Eine Übertrittsquote von 25% verbessert die Situation der Gemeinden nicht entscheidend: Die Zahl der Gemeinden ohne Schülerpotential für eine Hauptschule verringert sich nur wenig auf noch 897 Gemeinden; das sind immer noch einige Gemeinden mehr als ohne Gymnasium. An diesen Zahlen wird die eintretende Verödung der Schullandschaft erkennbar, wenn ihr nicht mit alternativen Schulmodellen und modernen Strategien der Schulentwicklung entgegen gewirkt wird.

Tabelle 37: Schülerzahl in den Eingangsklassen der Hauptschulen in den Gemeinden Baden-Württembergs ab 2015, bei Übergang von 15% - 20% - 25%

Anzahl Schüler	Übergänge 15%			**Übergänge 20%**			Übergänge 25%		
	Anzahl	in %	% kum.	Anzahl	in %	% kum.	Anzahl	in %	% kum.
unter 5	480	43,3	43,3	359	32,4	32,4	252	22,7	22,7
5 - 10	310	28,0	71,2	312	28,1	60,5	309	27,9	50,6
10 - 15	133	12,0	83,2	168	15,1	75,7	202	18,2	68,8
16 - 20	**59**	**5,3**	**88,5**	**76**	**6,9**	**82,5**	**81**	**7,3**	**76,1**
21 - 25	28	2,5	91,1	56	5,0	87,6	71	6,4	82,5
26 - 30	21	1,9	93,0	27	2,4	90,0	50	4,5	87,0
31 - 35	**15**	**1,4**	**94,3**	**14**	**1,3**	**91,3**	**21**	**1,9**	**88,9**
35 - 40	9	0,8	95,1	17	1,5	92,8	17	1,5	90,4
40 - 45	5	0,5	95,6	10	0,9	93,7	10	0,9	91,3
45 - 50	7	0,6	96,2	13	1,2	94,9	16	1,4	92,8
50 - 55	5	0,5	96,7	4	0,4	95,2	9	0,8	93,6
55 - 60	8	0,7	97,4	4	0,4	95,6	9	0,8	94,4
61 - 65	**6**	**0,5**	**97,9**	**5**	**0,5**	**96,0**	**8**	**0,7**	**95,1**
66 - 90	9	0,9	98,7	23	2,2	98,1	17	1,7	96,7
90 - 129	4	0,4	99,1	8	0,8	98,8	20	1,9	98,5
über 130	10	0,9	100,0	13	1,2	100,0	17	1,5	100,0
Gesamt	1.109	100,0		1.109	100,0		1.109	100,0	

Quelle: Eigene Prognose und Berechnungen.

Aus dem Vergleich der Folgen verschiedener Übergangsquoten auf das Schüleraufkommen für die Hauptschulen in den Gemeinden wird ein wichtiger Befund ersichtlich: Die Zu- oder Abnahme der Überhangsquoten ist für die Sicherung oder Wahrung der einzelnen Hauptschule weniger bedeutsam als oft die Debatten darum vermuten lassen. Denn die Differenz in der Zahl von Gemeinden mit zu geringem Schülerpotential für eine einzügige oder eine zweizügige Hauptschule ändert sich nicht wesentlich.

6.3 Notiz zu Werkrealschulen und Hauptschulen

Mit der Werkrealschule wird die Hauptschule zu einer „integrativen Schulform", denn an einer Schulart werden zwei Bildungsgänge etabliert und verschieden gewertete Zertifikate können erworben werden, der Hauptschulabschluss und die Mittlere Reife. Fast alle Hauptschulen können sich gegenwärtig noch „Hauptschule mit Werkrealschule" bezeichnen, wenn sie den notwendigen Zusatzunterricht für den Übergang in Klasse 10 im Hinblick auf das Zertifikat des „Werkrealschul-Abschlusses" durchführen. Mit dem neuen Konzept der Werkrealschule, die eigens vom Schulträger beantragt werden muss, wird für diese Schulart nunmehr Zweizügigkeit verlangt, wobei planerisch von 36 Schüler/innen in Klasse 5 ausgegangen werden soll, damit der Bestand langfristig bei möglichen Schwankungen gesichert ist. Ausdrücklich wird nur für „Einzelfälle" zugelassen, dass zwei einzügige Hauptschulen kooperieren, um gemeinsam nach Absprache die 10. Klasse der Werkrealschule einzurichten, wobei deren Aufbau und Lokalisierung nicht immer eindeutig sind.

Ausgangspunkt ist der gegenwärtige Bestand: Er liegt 2008/09 bei 345 Hauptschulen mit der 10. Klasse der Werkrealschule. Ihr Angebot ist mit einer gewissen Portion Instabilität belastet, denn 2006/07 wurden noch 353 Werkrealschulen verzeichnet, also acht mehr nur ein Jahr zuvor. Da zukünftig weniger Schüler/innen für die Hauptschulen zu erwarten sind, selbst bei stabilisiertem Übergang von landesweit 25%, ist schwer nachzuvollziehen, wie deren Umfang vermehrt werden könnte. Eher muss eine Verringerung der Schulen und Standorte erwartet werden, wenn nunmehr strikter die Vorgabe gilt, dass diese Schulen zweizügig von der Eingangsklasse an geführt werden müssen. Wird die Zahl zukünftiger „Werkrealschulen" gesteigert, dann besagt dies entweder, dass bislang die Möglichkeiten bei weitem nicht ausgeschöpft wurden (was einem Armutszeugnis für die schulpolitisch Verantwortlichen in den Kommunen und im Land gleich käme) oder dass die Zukunftsplanung für die Haupt/-Werkrealschule unseriös betrieben und mit unzutreffenden Zahlen hantiert wird.

Soweit im Rahmen der **Regionalgutachten** Einsicht gewonnen werden konnte, sind einige der gegenwärtigen Hauptschulen mit Klasse 10 als Werkrealschule bereits gegenwärtig oder in Zukunft in ihrer Eingangsstufe nicht mehr zweizügig. Damit kann der jetzige Bestand an solchen Haupt-/Werkrealschulen nicht einfach fortgeschrieben werden. So sind im LK Ravensburg von den vorhandenen 15 Hauptschulen mit Klasse 10 der Werkrealschule bereits gegenwärtig sechs in Klasse 5 höchstens einzügig. Das zukünftige Angebot könnte auf sechs bis neun Schulen zurückgehen, auf die entsprechende Zahl Gemeinden verteilt. Ähnliches gilt für die acht Werkrealschulen im Bodenseekreis, von denen gegenwärtig bereits drei in der Eingangsklasse nicht mehr die verlangte Schülerzahl für eine Zweizügigkeit aufweisen. Ebenso bleiben im Landkreis Heilbronn zwei der zehn Werkrealschulen schon aktuell in den Eingangsklassen unter der Zweizügigkeit und nur für fünf von ihnen kann auch zukünftig eine gesicherte Zweizügigkeit planerisch attestiert werden. Alle diese konkreten, belegbaren Befunde sprechen dafür, dass der gegenwärtige Stand an Werkrealschulen landesweit künftig nicht gehalten werden kann, sondern eher abnehmen wird.

Die Zahl der Schüler/innen in Klasse 10 an den Hauptschulen, folglich in der letzten Klassenstufe zum Erreichen der „Werkrealschul-Reife", beläuft sich 2008/09 auf eine Zahl, die sich leicht merken lässt: Es sind 6.666 insgesamt. Im Schuljahr 2005/06 war die Zahl der Schüler/innen in der 10. Hauptschulklasse mit 7.051 am höchsten im Vergleich seit der Einführung dieses Angebotes; seitdem ist sie merklich um fast 400 zurück gegangen. In den Jahren davor lag die Zahl dieser Schülerschaft zwischen 5.948 (2001/02) und 6.859 (2004/05), ohne größere Schwankungen oder erkennbaren Trend seit 1995/96. Festzuhalten ist aus dieser Zeitreihe: Auch in der Schülerzahl für die „Werkrealschulen" im engeren Sinne ist in den letzten Jahren eine deutliche Abnahme zu beobachten, keine Zunahme. Daraus muss ebenfalls geschlossen werden, dass die Zahl an Werkrealschulen gegenüber dem aktuellen Bestand eher kleiner werden dürfte als dass mehr gebraucht werden.

Vor diesem Hintergrund ist auf die vorliegenden Anmeldezahlen zur „Werkrealschule", die das Kultusministerium Mitte Dezember 2009 nach Ende der Beantragungsfrist vorgelegt hat, einzugehen. Das Ministerium registriert und verkündet die Beantragung von 377 Werkrealschulen (zumindest zweizügig) und von 95 Anträgen zur Weiterführung eines 10. Schuljahrs an 1-zügigen Hauptschulen (übrigens keine im Reg. Bez. Tübingen, aber 73 im Reg. Bez. Stuttgart). Es bildet die Summe von 472 eingereichten Anträgen und scheut sich nicht, dem die Schlagzeile anzufügen "Die Reform kommt gut an". Dies ist angesichts des ausgeübten Zwanges auf die Kommunen zur Einreichung solcher Anträge mit einer kaum vertretbar kurzen Frist zur Antragstellung ebenso verfälschend wie der Umgang mit den Antragszahlen.

Einige Zweifel sind an einer Reihe von Beantragungen angebracht, denn sie bedeuten noch keinesfalls eine Bewilligung. Das Ministerium wird als erstes klären müssen, in welchem Umfang den Anträgen einzügiger Hauptschulen entsprochen werden soll, denn die Zahl von 95 Anträgen (noch ohne die möglichen des Reg. Bez. Tübingen) geht deutlich über das offizielle Diktum hinaus, dass solche Anträge nur im „Einzelfall" bewilligt werden können (wegen der Organisationsprobleme, möglicher Versorgungsdefizite und geringerem Qualitätsstandard); das gilt umso mehr für den Reg. Bez. Stuttgart, wo 73 Anträge die „Einzelfall-Regel" weit überschreiten. Wird das Votum des „Einzelfalls" vom Ministerium ernst genommen, dann können in der Regel pro Kreis ein bis zwei solcher Anträge einzügiger Hauptschulen zur Einrichtung einer gemeinsamen Werkrealschule Bewilligung finden, d.h. auf diese Weise können im Land etwa 40 bis höchstens 80 Werkrealschulen tragfähig und dauerhaft zustande kommen. Außerdem dürften unter den 377 Anträgen zur Einrichtung einer „Werkrealschule" (zweizügig) nicht wenige nur schwer eine Bewilligung erreichen. Werden die Befunde der Regionalgutachten (u. a. Ravensburg, Bodenseekreis, Heilbronn) und die Art und Weise der Antragstellung mancher Kommunen (z.B. Heidelberg) berücksichtigt, dürften möglicherweise nur drei oder vier von fünf Anträgen bewilligungsfähig sein, wenn die Vorgaben des Kultusministeriums (soweit sie eindeutig sind) herangezogen und befolgt werden.

Als zukünftiger Bestand an Haupt-/Werkrealschulen kann angesichts der Anträge, auch wenn noch einige hinzukommen, aus den Angaben des Ministeriums, angemessen entschlüsselt, gefolgert werden: Es werden landesweit zwischen 320 und 360 Werkrealschulen eingerichtet werden können, darunter gut 60, an denen zwei einzügige Hauptschulen beteiligt sind. Dies bedeutet, vom Ministerium selbst hinzugefügt, dass bis 2018, die Hauptschulen „allmählich" verschwunden sein werden. Der Bestand wird sich dann insgesamt auf 380 bis

420 Haupt-/Werkrealschulen belaufen, und zwar durchweg an größeren Orten, die bereits heute über das gesamte Spektrum der Schulen in der Sekundarstufe verfügen.

Eine bemerkenswerte Konvergenz stellt sich ein. Anhand der eigenen Prognose für die zukünftige Schülerzahl und Zügigkeit der Hauptschulen im Land und in den Kreisen ergibt sich ein Bestand für die Haupt-/Werkrealschulen in ganz ähnlicher Größenordnung, wenn die am meisten realistische Variante herangezogen wird. Es verbleiben danach 421 Haupt-/Werkrealschulen, davon 111 eigenständig gesichert, weitere 310 nach Zusammenlegung.

6.4 Fortschreibung bei Realschulen und Gymnasien

Anders als bei den Hauptschulen muss die Fortschreibung für die Realschulen und Gymnasien sich nicht mit möglichen Reduzierungen und drohenden Schließungen auseinander setzen. Vielmehr besteht in allen Kreisen und vielen Kommunen ein zusätzlicher Bedarf an derartigen Schulangeboten. Denn die Übergänge auf diese beiden Schularten sind in den letzten Jahren stark gestiegen, dennoch ist das Angebot von den Kommunen nicht entsprechend erweitert worden. Es erscheint daher dringlich, dem gestiegenen Interesse in der Elternschaft an einer höheren Qualifikation der Kinder mehr zu folgen. Denn im Kreis dieses „neueren" Klientel an Schüler/innen für die Realschulen und die Gymnasien befinden sich überproportional viele Bildungsaufsteiger und Kinder ausländischer Herkunft. Sie sollten durch neue wohnortnahe Schulangebote unterstützt werden. In vielen Orten und Regionen kann dies aber nur unzureichend geschehen, wenn allein der Ausbau von Realschulen und Gymnasien ins Auge gefasst wird. Vielmehr ist in diesen Fällen zu klären, ob alternative Schulmodelle wie Verbundschule oder Sekundarschule geeigneter wären und der neuen Klientel entgegen kämen.

Als Ausgangspunkt der Prognosen zur Fortschreibung von Realschulen und Gymnasien, bzw. der entsprechenden realschulischen und gymnasialen Bildungsgänge, werden wiederum die Daten der aktuell Lebendgeborenen und der zukünftigen Jahrgangsbreite in Klasse 5, der Eingangsklasse zur Sekundarstufe, ausgewiesen. Daran werden die möglichen Varianten des Übergangs angelegt und die Tragfähigkeit von Schulen bestimmt.

6.4.1 Fortschreibung Realschulen

Wie die Berechnungen zur zukünftigen Schülerzahl der Realschulen aufzeigen, ist deren Bestand nicht gefährdet. Als Schwerpunkt wird für die Realschulen ein Zugang bei 35% des gesamten zukünftigen Schülerpotentials erwartet. Danach dürften die erwartbaren Größenordnungen und die Zügigkeiten mancher Realschulen deren organisatorische wie pädagogische Leitung eher erschweren.

Deshalb ist die Einrichtung neuer Realschulen an einigen Orten zu prüfen, auch um die vorhandenen Realschulen zu entlasten (vgl. Tabelle 38, S. 114).

Insgesamt ist für die realschulische Bildungslaufbahn bei 35% Zugang ein Schülerpotential von 32.337 Schüler/innen im Land zu erwarten – für diese Schulart eine eher zurückhaltende Einschätzung. Das entspricht einem pauschalen Potential für Realschulen, das zwischen 539 und 808 Schulen anzusetzen ist, je nachdem wie die regionale und lokale Verwirklichung möglich ist und welche Zügigkeit (zwei oder drei Züge) zumindest realisiert werden soll. Gemessen am Bestand von 478 Realschulen (2008/09) wird ein Mehrbedarf erneut erkennbar. Ein solcher Ausbau von Realschulen oder realschulischen Bildungsgängen in Verbund- bzw. Sekundarschulen wäre ein wichtiger Beitrag zur Integration ausländischer Mädchen und Jungen, weil sie vermehrt diese Schulart anstreben.

Je nach aktuellem Bestand und absehbarer Nachfrageentwicklung ist der Erweiterungsbedarf für die Einrichtung von Realschulen in den Kreisen unterschiedlich. Quantitativ besonders groß ist er offenbar in SK Stuttgart und in den LK Esslingen, Rhein-Neckar, Ludwigsburg, Rems-Murr, Karlsruhe und Ortenau. Anhand von Regionalgutachten lässt sich konkret aufzeigen, welche Gemeinden eine neue Realschule einrichten müssten und welche Gemeinden, möglicherweise als Verbund, dafür in Frage kommen. Alle diese Gemeinden würden sich als Schulstandort erheblich aufwerten können.

Tabelle 38: Zukünftige Schülerzahlen und Ausbau der Realschulen nach Kreisen

Kreis		Schüler-potential ab 2015	**bei 35% Zugang**	Bestand RS 2008/09		Anzahl RS bei…	
				öffentl.	privat	40 Schüler/Schule	60 Schüler/Schule
01	S Stuttgart	5.508	1.928	19	3	48	32
02	L Böblingen	3.390	1.187	16	0	30	20
03	L Esslingen	4.636	1.622	22	0	41	27
04	L Göppingen	2.095	733	11	0	18	12
05	L Ludwigsburg	4.756	1.665	22	1	42	28
06	L Rems-Murr	3.528	1.235	19	1	31	21
07	S Heilbronn	1.136	397	5	1	10	7
08	L Heilbronn	2.796	979	13	0	24	16
09	L Hohenlohe	961	336	7	1	8	6
10	L Schwäbisch-Hall	1.684	589	12	1	15	10
11	L Main-Tauber	1.047	366	8	1	9	6
12	L Heidenheim	1.061	371	8	1	9	6
13	L Ostalbkreis	2.765	968	19	3	24	16
14	S Baden-Baden	384	134	2	1	3	2
15	S Karlsruhe	2.540	889	11	2	22	15
16	L Karlsruhe	3.520	1.232	17	2	31	21
17	L Rastatt	1.780	623	10	0	16	10
18	S Heidelberg	1.200	420	5	2	11	7
19	S Mannheim	2.729	955	11	2	24	16
20	L Neckar-Odenwald	1.207	422	6	0	11	7
21	L Rhein-Neckar	4.449	1.557	17	1	39	26
22	S Pforzheim	1.062	372	4	0	9	6
23	L Calw	1.291	452	7	0	11	8
24	L Enzkreis	1.490	522	11	2	13	9
25	L Freudenstadt	1.015	355	7	0	9	6
26	S Freiburg	2.007	702	10	4	18	12
27	L Breisgau-Hoch.	2.128	745	10	1	19	12
28	L Emmendingen	1.320	462	8	1	12	8
29	L Ortenau	3.587	1.255	20	3	31	21
30	L Rottweil	1.216	425	7	1	11	7
31	L Schwarzwald-Baar	1.733	607	11	3	15	10
32	L Tuttlingen	1.272	445	7	0	11	7
33	L Konstanz	2.178	762	12	2	19	13
34	L Lörrach	1.743	610	9	1	15	10
35	L Waldshut	1.347	471	10	1	12	8
36	L Reutlingen	2.396	839	10	0	21	14
37	L Tübingen	1.962	687	8	1	17	11
38	L Zollernalb	1.583	554	11	0	14	9
39	S Ulm	1.152	403	6	2	10	7
40	L Alb-Donau	1.712	599	9	1	15	10
41	L Biberach	1.753	614	8	1	15	10
42	L Bodensee	1.686	590	8	1	15	10
43	L Ravensburg	2.439	854	13	2	21	14
44	L Sigmaringen	1.155	404	9	1	10	7
	Land insgesamt	**92.389**	**32.337**	**478**	**51**	**808**	**539**

Quelle: Statistisches Landesamt Baden-Württemberg und eigene Berechnungen.

6.4.2 Fortschreibung Gymnasien

Alle Analysen gehen davon aus, dass der Besuch eines Gymnasiums in den nächsten Jahren weiter steigt. Für die vorhandenen 444 Gymnasien im Land, darunter nur 377 in öffentlicher Trägerschaft, ergibt sich in keiner Variante der Berechnungen eine Gefährdung der Tragfähigkeit. Vielmehr ist die Nachfrage tendenziell noch größer als bei den Realschulen, so dass von einem überproportionalen Defizit ausgegangen werden muss. Die Zurückhaltung beim Ausbau von Gymnasien und gymnasialen Bildungsgängen, im allgemein bildenden wie im beruflichen Bereich, ist erstaunlich wie bedauerlich. Denn sie übergeht nicht nur eine berechtigte Nachfrage von Elternseite, sondern sie ist mitverantwortlich für den oftmals beklagten Mangel an Hochschulabsolventen im Allgemeinen wie an qualifizierten Fachkräften im Bereich der Ingenieur- und Naturwissenschaften im Besonderen. Ohne den entschiedenen Ausbau gymnasialer Bildungsgänge wird sich an diesen Defiziten trotz aller Appelle wenig ändern. Zudem wird potentiellen Bildungsaufsteigern durch das Fehlen wohnortnaher gymnasialer Bildungsgänge der Zugang zur Hochschule erschwert und nicht geebnet.

Zukünftig sind für die allgemeinbildenden Gymnasien 41.578 Schüler/innen bei 45% Übergang als Jahrgangsbreite zu erwarten; gegenwärtig besuchen 39.437 (2008/09) die Eingangsklasse eines Gymnasiums. Entgegen manchen Prognosen des Landes, die eine zurückgehende Schülerzahl bei den Gymnasien (wie Realschulen) unterstellen, muss aber von einer gewissen Zunahme, zumindest Stabilität im Besucherandrang ausgegangen werden.

Anhand des spezifischen Schüleraufkommens ab 2015 kann die Zahl dauerhaft tragfähiger Schulen für die Kreise eingeschätzt werden. Die Zügigkeit eines Gymnasiums wäre jeweils pauschal als gesichert für 2 Züge bei einem Potential von 60 Schüler/innen in der Eingangsklasse angesetzt, für 3 Züge entsprechend 80 Schüler/innen im Schnitt. Das Schülerpotential wäre landesweit dafür bei tendenziell steigendem Übergang vorhanden, ohne dass ein bestehendes Gymnasium in seiner Tragfähigkeit gefährdet würde. Insgesamt zeichnet sich ein Bedarf von 520 Gymnasien oder gymnasialen Bildungsgängen im Land ab, wenn eine angemessene Dreizügigkeit zur Einrichtung verlangt wird. Dies ergibt einen Mehrbedarf von gut 100 Gymnasien gegenüber dem aktuellen Bestand (vgl. Tabelle 39, S. 117).

In manchen Kreisen zeigt sich ein erhöhter Mehrbedarf an Gymnasien. Auffällig mehr Gymnasien ergeben sich planerisch für den LK Esslingen, Rhein-Neckar, Karlsruhe, Ludwigsburg und Ortenau (rechnerisch zusätzlich 7 bis 9 Gymnasien im Kreis); ebenfalls überproportional ist das Manko an Gymnasien im SK Stuttgart, LK Heilbronn, SK Mannheim, LK Waldshut und LK Alb-Donau (rechnerisch zusätzlich 5 bis 6 Gymnasien im Kreis).

Auch bei Fortschreibung des gegliederten Schulwesens sollte aufgrund der veränderten Schulwahl das vorhandene Angebot an Gymnasien erweitert werden. Gegenwärtige Defizite bei der regional angemessenen Verteilung der Bildungsgänge würden dadurch beseitigt. Es ist allerdings zu prüfen, ob die tragfähige, wohnortnahe und chancengerechte Verteilung der Schulen über alternative Modelle des Schulangebotes besser zu erreichen ist als bei einem Festhalten an der bloßen Fortschreibung. Die Aufwertung als Schulstandort durch die Einrichtung eines Gymnasiums ist in vielen Gemeinden planerisch möglich. Es wäre nun Sache der Kommunen und der Elternschaft, dort wo es möglich ist, die Einrichtung eines Gymnasiums oder eines gymnasialen Bildungsganges in einer Sekundarschule zu realisieren. Im Rahmen der Regionalgutachten finden sich für einige Kreise und deren Gemeinden (etwa für den Bodenseekreis, Ravensburg, Land und Stadt Heilbronn, Ortenau und Rhein-Neckar) konkrete Standorthinweise und Einrichtungsoptionen, die empfohlen werden.

Tabelle 39: Zukünftige Schülerzahlen und Ausbau der Gymnasien nach Kreisen

Kreis		Schüler-potential ab 2015	bei 45% Zugang	Bestand GY 2008/09		Anzahl GY bei...	
				öffentl.	privat	60 Schü-ler/Schule	80 Schü-ler/Schule
01	S Stuttgart	5.508	2.479	26	7	41	31
02	L Böblingen	3.390	1.526	16	0	25	19
03	L Esslingen	4.636	2.086	17	2	35	26
04	L Göppingen	2.095	943	9	0	16	12
05	L Ludwigsburg	4.756	2.140	20	2	36	27
06	L Rems-Murr	3.528	1.588	14	1	26	20
07	S Heilbronn	1.136	511	5	1	9	6
08	L Heilbronn	2.796	1.258	10	1	21	16
09	L Hohenlohe	961	432	3	0	7	5
10	L Schwäbisch-Hall	1.684	758	6	2	13	9
11	L Main-Tauber	1.047	471	5	0	8	6
12	L Heidenheim	1.061	477	6	0	8	6
13	L Ostalbkreis	2.765	1.244	14	2	21	16
14	S Baden-Baden	384	173	3	2	3	2
15	S Karlsruhe	2.540	1.143	11	3	19	14
16	L Karlsruhe	3.520	1.584	12	4	26	20
17	L Rastatt	1.780	801	6	0	13	10
18	S Heidelberg	1.200	540	4	4	9	7
19	S Mannheim	2.729	1.228	9	4	20	15
20	L Neckar-Odenwald	1.207	543	6	0	9	7
21	L Rhein-Neckar	4.449	2.002	16	4	33	25
22	S Pforzheim	1.062	478	5	1	8	6
23	L Calw	1.291	581	5	0	10	7
24	L Enzkreis	1.490	671	6	0	11	8
25	L Freudenstadt	1.015	457	5	0	8	6
26	S Freiburg	2.007	903	9	2	15	11
27	L Breisgau-Hoch.	2.128	958	8	2	16	12
28	L Emmendingen	1.320	594	4	0	10	7
29	L Ortenau	3.587	1.614	13	4	27	20
30	L Rottweil	1.216	547	6	0	9	7
31	L Schwarzwald-Baar	1.733	780	7	2	13	10
32	L Tuttlingen	1.272	572	5	0	10	7
33	L Konstanz	2.178	980	9	1	16	12
34	L Lörrach	1.743	784	7	1	13	10
35	L Waldshut	1.347	606	3	1	10	8
36	L Reutlingen	2.396	1.078	9	1	18	13
37	L Tübingen	1.962	883	9	3	15	11
38	L Zollernalb	1.583	712	8	0	12	9
39	S Ulm	1.152	518	6	1	9	6
40	L Alb-Donau	1.712	770	5	2	13	10
41	L Biberach	1.753	789	7	1	13	10
42	L Bodensee	1.686	758	6	1	13	9
43	L Ravensburg	2.439	1.098	11	3	18	14
44	L Sigmaringen	1.155	520	6	2	9	7
	Land insgesamt	**92.389**	**41.578**	**377**	**67**	**693**	**520**

Quelle: Statistisches Landesamt Baden-Württemberg und eigene Berechnungen.

7 Alternative Schulversorgung: Zwei-Säulen-Modell und integrierte Sekundarschule

Die Aufbereitungen zur Schulentwicklungsplanung unter den Prämissen der Dreigliedrigkeit in der Sekundarstufe des Schulwesens haben eindrücklich vor Augen geführt, dass damit die Tragfähigkeit eines wohnortnahen Schulangebotes nicht mehr zu verwirklichen ist. Die Verringerung der demographischen Jahrgangsstärken und der Wandel in der Schulwahl mit der Abwendung von der Hauptschule haben zur Folge, dass eine Schieflage und Unordnung eingetreten sind. Einer solchen Krise kann mit den herkömmlichen Rezepten und Strategien nicht hinreichend begegnet werden. Wird dies dennoch versucht, geht dies auf Kosten der wohnortnahen Schulversorgung, der chancengerechten regionalen Auslegung der Schulen sowie letztlich auch der Qualitätsstandards. Unmittelbar erfahrbar wird dies an einer häufigen Auflösung vieler Schulen, der Konzentration von Schulen aller Arten in den größeren Städten, der Ausdünnung der Schullandschaft in kleineren Gemeinden und den Vororten mit einem Verlust an Schulkultur. Dennoch bleibt die Tragfähigkeit vieler Schulen labil und die Konflikte um ihre Wahrung oder Auflösung halten über Jahre an. Eine Kompensation dieser weit reichenden Reduzierung in der Schullandschaft mit ihrer anhaltenden Unruhe um die Schulen wird nicht aufgezeigt.

Das Festhalten an der dreigliedrigen Schulaufteilung in der Sekundarstufe ist letztlich eine resignative Schulentwicklungsstrategie, die Abwicklung des Verlustes mit dem Rettungsversuch von Restbeständen steht im Vordergrund. Bildungsbereitschaft unter den Eltern und Bemühungen um die Schulentwicklung bei den Gemeinden wird dadurch eher gebremst statt ermuntert. Angebrachter wäre ein Ausbau der Bildungslandschaft und Schulangebote, die eine gemeinsame Anstrengung von Kommunen, Lehrer/innen und Eltern lohnend macht. Daher sollte die Schulentwicklungsplanung vor Ort von der Sicherung und Erweiterung eines wohnortnahen, tragfähigen und stabilen Schulangebotes bestimmt sein. Die Nachfrage nach höher qualifizierenden Bildungsgängen ist verbreiteter als das gegenwärtige Schulangebot entspricht.

Um dem Interesse und der Bildungsbereitschaft von Eltern und Schüler/innen besser zu genügen ist ein gewisses Umdenken vonnöten: Es müssen alternative Schulmodelle in Betracht gezogen werden, die eine Separierung der Kinder nach der vierten Grundschulklasse im Alter von zehn Jahren vermeiden. Denn dadurch kann das örtliche Schülerpotential viel besser versorgt werden. Dies wird besonders anschaulich in jenen Gemeinden und Gemeindeverbünden, in denen die Schülerzahl weder für eine tragfähige Haupt-Werkrealschule noch für eine ausgebaute Realschule hinreicht. In all diesen Fällen, und es sind nicht wenige im Land, wäre die Verbundschule (oder Regionalschule) mit ihrem Angebot an hauptschulischen und realschulischen Bildungsgängen und Abschlussmöglichkeiten eine attraktive Alternative. Sie würde zudem die Gemeinde als Schulstandort erheblich aufwerten. Ebenfalls wäre die Sekundarschule, in der alle Kinder länger gemeinsam lernen, eine für viele Gemeinden bedenkenswerte Alternative, entweder mit einer eigenen Oberstufe oder bis zur 10. Klasse. Mit dem Eröffnen solcher Alternativen für die Schulentwicklung könnte der resignativen Schulstrategie so etwas wie Aufbruchstimmung entgegengesetzt werden, wie sie für den Aufbau einer propagierten „Bildungsrepublik“ gebraucht wird.

Für die erste Alternative des „Zwei-Säulen-Modells“ in der Sekundarstufe werden hauptschulische und realschulische Bildungsgänge zusammengeführt (HS + RS) bei Erhalt des bisherigen Gymnasialangebotes. Diese teilintegrierte Schulform wird oft als Mittelschule oder Regionalschule geführt; hier wird sie als „Verbundschule“ bezeichnet. In der Regel wird für ihre Einrichtung und Führung Zweizügigkeit vorausgesetzt, das heißt zumindest 31 bzw. 36 Schüler/innen im Jahrgang.

Die zweite Alternative der integrierten Schulform in der Sekundarstufe, öfters „Gemeinschafts-„ oder „Gesamtschule“ genannt, hier als „Sekundarschule“ bezeichnet, versammelt alle Kinder der Gemeinde. Für sie wird eher Dreizügigkeit verlangt, um die Möglichkeit einer Oberstufe zu eröffnen. Bei drei Zügen ist eine Jahrgangsbreite von zumindest 61 Schüler/innen als kommunal tragfähig anzusehen (vorausgesetzt es gibt keine Abwanderungen in Nachbarschaftsschulen oder private Angebote). Aber auch die zweizügige Option ist beachtenswert: Sie vereint die Kinder unter dem Motto „länger gemeinsam lernen“ bis zur 10. Klasse. Danach wird von einem Teil der Schülerschaft die Oberstufe an einem allgemein bildenden oder einem beruflichen Gymnasium besucht oder eine berufliche Ausbildung aufgenommen.

Um Alternativen im Schulangebot gegenüber einer Fortschreibung des gegliederten Schulwesens in den einzelnen Gemeinden und Kreisen zu entwickeln, sind die erwartbaren Jahrgangsbreiten zum einen und die Konstellationen der Übergänge zum anderen heranzuziehen. Bei den Analysen interessiert durchweg zum einen, ob eine Kommune eigenständig das Schulangebot vorhalten kann oder nur in Zusammenarbeit mit einer anderen Kommune. Deshalb werden im Schwerpunkt zwei Alternativen berechnet:

1. **Verbundschule:** Das Schülerpotential von Haupt- und Realschule in den einzelnen Gemeinden wird zusammengeführt, wie es sich in den jeweiligen Zahlen und Quoten des Übergangs zeigt. Sie werden für die zukünftigen Konstellationen planerisch berechnet, wobei die zukünftigen Schülerzahlen summiert werden, um Zügigkeit und Tragfähigkeit zu bestimmen. Es ist anzumerken, dass Verbundschulen Profile bilden sollten – wie die Gymnasien (z.B. in der praktischen Ausrichtung wie bei den beruflichen Gymnasien);

2. **Sekundarschule**: Das Schülerpotential aller Schulen der Sekundarstufe in einer Gemeinde wird in einer oder mehreren gemeinsamen Schule der Kommune zusammen geführt. Es wird angenommen, dass dann nahezu alle Schüler/innen des Ortes diese gemeinsame Schulart besuchen. Es ist darauf hinzu-

weisen, dass die Oberstufe nach sechs Jahren auch als eigenständiges zwei- oder dreijähriges Oberstufen-Kolleg organisierbar wäre (wie gegenwärtig bei den beruflichen Gymnasien).

Man könne davon ausgehen, dass eine Regionalschule zumindest gesicherte Zweizügigkeit aufweist, eine Gesamt- oder Gemeinschaftsschule eher dreizügig ausgelegt wird. Für eine **Verbundschule** (Regionalschule) müssten daher bei den gegenwärtigen Regeln für die Zweizügigkeit zumindest 31 oder 36 Kinder diese Schulform wählen. Für eine **Sekundarschule** (Gemeinschafts- bzw. Gesamtschule) müsste bei Dreizügigkeit von zumindest 61 Kindern ausgegangen werden, die dieses Angebot besuchen.

Die Einrichtung einer Verbundschule noch mehr einer Sekundarschule, so angebracht sie planerisch für Wohnortnähe und Tragfähigkeit sein mögen, bleibt dennoch politisch umstritten, insbesondere wenn die Einbindung der Gymnasien mit vorgesehen wird. Neben den Nachweis der planerischen Möglichkeiten und Vorteile müssen folglich auch die pädagogischen Argumente der Förderung und Integration ebenso wie die politischen Argumente der Chancen und Modernisierung für diese integrativen Schulformen sprechen.

7.1 Alternative I: Zwei-Säulen-Modell mit Verbundschule und Gymnasium

Von besonderem Interesse für die Kommunen muss jene Konstellation sein, bei der die Haupt- und Realschule eigenständig nicht tragfähig wäre, aber bei Kooperation oder Zusammenführung die Zweizügigkeit sicher erreichen würden. Dies ist in weit mehr Gemeinden der Fall, als vorab zu vermuten wäre. Hier müssen sich die betroffenen Kommunen ernsthaft damit auseinandersetzen, ob sie auf eine solche Möglichkeit zum Nachteil des Standortes wie der dort lebenden Kinder verzichten wollen.

Die Verbundschulen sind bereits in einer Reihe von Bundesländern eingeführt und werden an vielen Orten erfolgreich praktiziert. Die Gründe ihrer Einrichtung liegen oftmals im allgemeinen demographischen Rückgang der Zahl von Kindern und Jugendlichen, ebenso an der starken Verringerung der Besuchszahlen von Hauptschulen. Aber auch Argumente der pädagogischen Möglichkeiten und der Erfüllung schulischer Aufgaben, etwa mit Ganztagsangeboten oder bei der Kooperation mit Partnern in der Gemeinde, sprechen für diese Schulart. Sie vermag, hohe qualitative Standards der Schulgüte zu erreichen und die Förderung der Kinder ebenso gut wenn nicht besser als Schulen der gegliederten Form zu erfüllen.

7.1.1 Möglichkeiten für Verbundschulen im Land und in den Kreisen

Um die Möglichkeiten für die Einrichtung von Verbundschulen zu prüfen, wird als erstes das erreichbare Schülerpotential im Land und die mögliche Verteilung von Verbundschulen auf die Kreise bestimmt. Hierbei interessiert, ob gegenüber der bisherigen Zahl an Schulgebäuden und Räumen ein Mehrbedarf entsteht oder mit Umwidmungen gearbeitet werden kann, da ansonsten bei Verlust von Hauptschulen Leerstand für die Schulträger zu befürchten ist.

Das spezifische Schülerpotential für den Zugang zur Verbundschule wird sich bei einem Zugang von 55% insgesamt auf 50.820 Schüler/innen in Baden-Württemberg belaufen können; bei einem Zugang von 60% wären es insgesamt sogar 55.439 Schüler/innen. Planerisch könnten somit landesweit bei günstiger Auslegung bis zu 1.271 Verbundschulen eingerichtet werden, wenn sie alle zweizügig bleiben (pro Schule werden rechnerisch 40 Schüler/innen angesetzt). Angemessener ist die Variante pro Schule 60 Schüler/innen anzusetzen, weil eine optimale Verteilung öfters nicht möglich ist und durchgängige Dreizügigkeit nicht angestrebt werden muss. Danach könnten landesweit 847 Verbundschulen gesichert eingerichtet werden, die sich auf 549 bis 577 Gemeinden verteilen würden. Diese Größenordnung wie die regionale und örtliche Verteilung erscheinen angemessen, weil in größeren Orten Verbundschulen mehrfach errichtet werden können: So sind allein in den neun Stadtkreisen 162 Verbundschulen möglich (vgl. Tabelle 40).

Die Verteilung der Verbundschulen auf die Kreise reicht von 4 Schulen im kleinen Stadtkreis Baden-Baden bis zu 50 Schulen in der Landeshauptstadt Stuttgart. Eine größere Anzahl wäre in den LK Esslingen, Ludwigsburg und Rhein-Neckar zu erwarten (41 bis 44 Verbundschulen). Diese Zahlen dienen der Orientierung und als Richtgrößen, um das Potential kreisweise aufzuzeigen und um den möglichen Bedarf an Schulgebäuden und Räumen in der Folge bestimmen zu können, dies möglichst im Vergleich zu den vorhandenen Schulgebäuden. Deshalb wird auch der gegenwärtige wie zukünftige Bestand an Haupt-/Werkrealschulen und Realschulen in öffentlicher Trägerschaft ausgewiesen (vgl. Tabelle 40, S. 122).

Tabelle 40: Erwartbare Schülerzahlen und Verbundschulen in den Kreisen von BW

Kreis		Schülerpotential 2015 - 20	**Schüler bei 55% Zugang**	Schulbestand		Anzahl VS bei…	
				HS 2008/09	HS + RS 2015	40 Schüler/Schule	60 Schüler/Schule
01	S Stuttgart	5.508	3.029	35	20 + 19	76	50
02	L Böblingen	3.390	1.865	33	11 + 16	47	31
03	L Esslingen	4.636	2.550	49	19 + 22	64	43
04	L Göppingen	2.095	1.152	28	16 + 11	29	19
05	L Ludwigsburg	4.756	2.616	42	20 + 21	65	44
06	L Rems-Murr	3.528	1.940	35	15 + 18	49	32
07	S Heilbronn	1.136	625	11	9 + 4	16	10
08	L Heilbronn	2.796	1.538	29	16 + 13	38	26
09	L Hohenlohe	961	529	13	3 + 6	13	9
10	L Schw.-Hall	1.684	926	27	8 + 11	23	15
11	L Main-Tauber	1.047	576	21	4 + 7	14	10
12	L Heidenheim	1.061	584	17	6 + 7	15	10
13	L Ostalbkreis	2.765	1.520	42	10 + 16	38	25
14	S Baden-Baden	384	211	5	2 + 1	5	4
15	S Karlsruhe	2.540	1.397	26	3 + 9	35	23
16	L Karlsruhe	3.520	1.936	52	17 + 15	48	32
17	L Rastatt	1.780	979	28	7 + 10	24	16
18	S Heidelberg	1.200	660	6	3 + 3	17	11
19	S Mannheim	2.729	1.501	21	17 + 9	38	25
20	L Neckar-Od.	1.207	664	23	6 + 6	17	11
21	L Rhein-Neckar	4.449	2.447	50	17 + 16	61	41
22	S Pforzheim	1.062	584	13	4 + 4	15	10
23	L Calw	1.291	710	19	6 + 7	18	12
24	L Enzkreis	1.490	820	23	4 + 9	21	14
25	L Freudenstadt	1.015	558	17	13 + 7	14	9
26	S Freiburg	2.007	1.104	10	5 + 6	28	18
27	L Breisgau-H.	2.128	1.170	34	7 + 9	29	20
28	L Emmendingen	1.320	726	23	5 + 7	18	12
29	L Ortenau	3.587	1.973	70	13 + 17	49	33
30	L Rottweil	1.216	669	24	3 + 6	17	11
31	L Schw.-Baar	1.733	953	26	9 + 8	24	16
32	L Tuttlingen	1.272	700	18	6 + 7	18	12
33	L Konstanz	2.178	1.198	34	11 + 10	30	20
34	L Lörrach	1.743	959	26	9 + 8	24	16
35	L Waldshut	1.347	741	28	9 + 9	19	12
36	L Reutlingen	2.396	1.318	34	9 + 10	33	22
37	L Tübingen	1.962	1.079	23	5 + 7	27	18
38	L Zollernalb	1.583	871	26	11 + 11	22	15
39	S Ulm	1.152	633	10	4 + 4	16	11
40	L Alb-Donau	1.712	942	27	11 + 8	24	16
41	L Biberach	1.753	964	27	6 + 7	24	16
42	L Bodensee	1.686	927	18	6 + 7	23	15
43	L Ravensburg	2.439	1.341	38	16 + 11	34	22
44	L Sigmaringen	1.155	635	15	5 + 8	16	11
	Land insgesamt	**92.389**	**50.820**	**1.176**	**394 + 427**	**1.271**	**847**

Quelle: Statistisches Landesamt und eigene Berechnungen

Wahrung, Sicherung und Erweiterung des Schulangebotes vor Ort

Anhand des Vergleichs mit dem gegenwärtigen und zukünftigen Schulangebot im Bereich der Haupt- und (Werk-)Realschulen kann ersichtlich werden, dass durch die Verbundschule eine **Wahrung und Sicherung** des kommunalen Bildungsangebotes oder sogar dessen **Erweiterung** erreichbar ist. Daran können die strategischen und politischen Überlegungen zur Schulentwicklung anknüpfen.

Für die besseren **wohnortnahen Versorgungschancen** mit der Verbundschule sind vor allem jene Gemeinden verantwortlich, in denen sowohl die Hauptschule als auch die Realschule jeweils nicht genügend Zugang erreichen. In diesen Gemeinden erscheint es besonders attraktiv und angebracht, auf eine Verbundschule als die tragfähigere Schule zu setzen, die zudem wohnortnah beide Bildungsgänge anbietet. Bei pragmatischer politischer Auseinandersetzung müsste diese Option für die lokale Schulentwicklung bevorzugt und umgesetzt werden, zumal dadurch das traditionelle Gymnasialangebot nicht berührt ist.

Ein anderer Fall tritt ein, wenn die Hauptschule unter der Ein- oder Zweizügigkeit bleibt, die Realschule aber die Zweizügigkeit gesichert wahren kann. Dann stellt sich für die Kommune die Frage nach Auflösung der Hauptschule, wenn die Realschule auf ihrer Eigenständigkeit schulpolitisch beharrt. Aber auch in diesen Fällen wäre die Zusammenführung des hauptschulischen Bildungsganges mit der Realschule für die Kommune und deren Schülerschaft günstiger, weil das Spektrum an Bildungsgängen und Zertifikaten breiter gehalten würde.

Verbundschulen nutzen und bewahren vorhandene Schulgebäude und Schulraum

Beachtenswert ist der Vergleich des Umfangs möglicher Verbundschulen mit dem gegenwärtigen Schulbestand (2008/09) einerseits und dem zukünftigen Bestand (2015ff.) andererseits; einbezogen sind dafür die Haupt-/Werkrealschulen und die Realschulen. Wenn jede Schule ein Schulgebäude beinhaltet, dann wird daraus ersichtlich, dass insgesamt mehr Schulgebäude aktuell zur Verfügung stehen, als für die Verbundschulen gebraucht werden. Das liegt vor allem an der gegenwärtig großen Zahl von Gebäuden für Hauptschulen, die durchweg umgewidmet und genutzt werden könnten, wenn sie zweizügig ausgelegt sind und über Fachräume verfügen (was überwiegend der Fall ist).

Ebenso wird ersichtlich, dass zukünftig die Schulzahl aus Haupt- und Realschulen deutlich geringer ist als die der Verbundschulen. Das besagt nichts anders, als dass ohne die Option der Verbundschule in vielen Gemeinden die vorhandenen Schulgebäude leer stünden, weil sie für eine Hauptschule nicht mehr genutzt werden. Auch aus diesen Gründen der Nutzung und Bewahrung von Schulgebäuden und Schulraum ist daher die Verbundschule eine günstige Option für viele Schulträger.

7.1.2 Zukünftige Möglichkeiten für eine Verbundschule in den Gemeinden

Für die Möglichkeiten der Alternative mit der Verbundschule ist die Auskunft besonders wichtig, welche Gemeinden dafür als Schulstandort in Frage kommen. Sie ist als Alternative zum dreigliedrigen Schulsystem besonders dann überzeugend, wenn möglichst viele Gemeinden dafür als Standort in Frage kommen, und wenn sie den möglichen Verlust der Hauptschule am Ort kompensieren kann. Ihre bessere Versorgungsleistung als wohnortnahe und stabile Schulform muss sich nicht zuletzt an ihrem Beitrag erweisen, dass deutlich weniger Gemeinden ohne eine Schule der Sekundarstufe bleiben, was viele gegenwärtig wegen der drohenden Auflösung ihrer Hauptschule befürchten müssen.

Gegenwärtige Konstellation: gemeinsame Schülerschaft von Haupt- und Realschulen

Zur Einführung und Orientierung kann folgende Berechnung dienen, die sich auf die gegenwärtige gemeinsame Schülerzahl von Haupt- und Realschulen in den Gemeinden bezieht (2008/09). Dabei sind in erster Linie jene Gemeinden von Interesse, bei denen das Schülerpotential für keine tragfähige örtliche Haupt- wie Realschule ausreicht. Eine solche spezifische Konstellation ist gegeben, wenn die gemeinsame Schülerzahl in der Gemeinde sich auf 32 bis 59 Schüler/innen beläuft: Dann nämlich bliebe eine Haupt- wie Realschule unter der Tragfähigkeit, aber das Potential für eine Verbundschule wäre durchaus gegeben.

Es wird ersichtlich, dass zusammen 235 Gemeinden in diese interessante Zone des gemeinsamen Schülerpotentials von Haupt- und Realschulen fallen, in der sie folglich bei 55% oder 60% Übergang eine Verbundschule tragfähig am Ort einrichten können. Es handelt sich um 105 Gemeinden an der Grenze der Tragfähigkeit (30 bis 35 Schüler/innen); aber bei weiteren 171 Gemeinden kann eine gesicherte Tragfähigkeit für die Verbundschule (36 bis 59 Schüler/innen) als Zusammenführung von Haupt- und Realschule angenommen werden. In all diesen Fällen kann davon ausgegangen werden, dass durch eine Verbundschule das gefährdete Hauptschulangebot implizit gewahrt bleibt und in der Regel durch den realschulischen Bildungsgang eine Erweiterung im Schulangebot erreicht wird. (vgl. Tabelle 41, S. 125).

Bei einem Übergang von 60% in die Verbundschule befinden sich 357 Gemeinden (fast ein Drittel aller Gemeinden im Land) in der gesicherten Zone der stabilen Tragfähigkeit, weil mehr als 60 Schüler/innen für die Verbundschule erwartet werden können. Alle diese Gemeinden können gesichert eine Verbundschule einrichten, teilweise sogar mit 3 Zügen. Die Einrichtung einer Verbundschule in diesen Gemeinden dient dann oftmals eher der Sicherung des hauptschulischen Bildungsganges, ohne im Realschulbereich eine Erweiterung darzustellen (weil bereits eine Realschule am Ort vorhanden ist). Insgesamt ergibt sich in der aktuellen Konstellation aber für 592 Gemeinden die bedenkenswerte Option für die Verbundschule – das ist über die Hälfte der Gemeinden.

Tabelle 41: Potential an Schülerzahl für Haupt- und Realschule zusammen in den Gemeinden in Baden-Württemberg nach Besuchszahl in 2008/09

Schülerzahl in Gemeinden	Schüler bei 60%	Anzahl Gemeinden	Gemeinden kumuliert	Prozent	Prozent kumuliert
0 – 15		229	229	20,6	20,6
16 – 29	(12)	247	476	22,3	42,9
30 – 31	18	41	**517**	3,7	46,6
32 – 33	**19**	**34**	**551**	**3,1**	**49,7**
34 – 35	20	30	581	2,7	52,4
36 – 39	22	45	626	4,1	56,5
40 – 43	25	40	666	3,6	60,1
44 – 47	27	46	712	4,1	64,2
48 – 59	29	40	752	3,6	67,8
60 - und mehr	36+	357	1.109	32,2	100,0
Insgesamt		1.109		100,0	100,0

Quelle: Eigene Berechnungen und Zusammenstellung.

Zukünftige Akzeptanz und Potential für Verbundschulen in den Gemeinden

Für die Berechnung der Möglichkeiten zum zukünftigen Angebot der **Verbundschule** in den einzelnen Gemeinden werden, ausgehend vom Prognosewert für die zukünftige demographische Jahrgangsbreite, drei Varianten des Zugangs berechnet, die unterschiedliche Ausmaße der Akzeptanz beinhalten. Es ist zu beachten, dass ein nicht unerheblicher Teil des Jahrgangs weiterhin ein Gymnasium besucht - deren Anteil bereits aktuell die 40%-Marke im Landesmittel überschritten hat:

- Eine recht **hohe Akzeptanz** der Verbundschule wird bei **60% Übergangs- bzw. Besuchsquote** in die Verbundschule erreicht, sie ist eher in wenigen Gemeinden zu erwarten;
- eine **mittlere Akzeptanz** der Verbundschule bei **55% Übergangs- bzw. Besuchsquote** dürfte in den meisten Gemeinden gegeben sein, bei einer Quote von 45% für das Gymnasium (wie sie als Landesmittel erwartet wird);
- und eine **geringere Akzeptanz** der Verbundschule liegt bei **50% Übergangs- bzw. Besuchsquote** vor, was in einigen Gemeinden mit hoher Gymnasialquote (überwiegend Hochschulstädte) möglich ist.

Für jeden der erreichten Werte des Schülerpotentials wird die Zahl der Gemeinden ausgewiesen, wobei die Schülerzahlen in Fünferschritte gruppiert sind (von unter 5 bis 130 und mehr je Gemeinde). Die Anteilswerte für die einzelnen Gemeinden werden auch kumuliert ausgewiesen. Besonders aufschlussreich sind die Grenzen zur Zweizügigkeit (ab 31 Schüler/innen) und zur Dreizügigkeit (ab

61 Schüler/innen) aufgrund des kommunalen Schülerpotentials, die deshalb markiert sind (vgl. Tabelle 42, S. 127).

Anhand dieser Aufstellung ist auch zu erkennen, dass eine nicht unbeträchtliche Zahl an Gemeinden für eine zweizügige Verbundschule allein nicht in Frage kommt, und zwar, wenn in der Gemeinde nicht 31 potentielle Schüler/innen dafür vorhanden sind. Beim angesetzten Übergang von 55% würde das 717 Gemeinden betreffen, die allein keine Verbundschule einrichten könnten, unter Umständen aber gemeinsam mit Nachbargemeinden. Würde ein Übergang von 60% auf die Verbundschule erreicht, ginge die Zahl dieser Gemeinden auf 673 zurück.

Für die mögliche Einrichtung einer Verbundschule mit überörtlicher Funktion, indem auch Nachbargemeinden einbezogen sind oder mit versorgt werden, ist ein Modus der Zuteilung des Standortes festzulegen. Er folgt dem gleichen Muster wie bei den Hauptschulen und Realschulen: Die Gemeinden, die eindeutig im Schülerpotential für die Verbundschule unter der Klassenbildung bleiben (weniger als 16 Schüler/innen), werden von der Zahl her als Schulstandort ausgeschlossen.

Die Gemeinden mit einem Schülerpotential zwischen 16 und 30 Schüler/innen für eine Verbundschule (im Grunde einzügig) können nun nach einer günstigeren Variante und einer strengeren Variante als möglicher Standort bestimmt werden: Im günstigeren Fall der lokal angrenzenden Lage und verkehrsmäßig leichterer Zuordnung kann die Hälfte von ihnen Standort einer Verbundschule werden, im strengeren oder schwierigeren Fall (ungünstige lokale Verteilung in der Region, unzusammenhängende Randgemeinden um eine größere Stadt) bleibt dies auf ein Drittel von ihnen begrenzt. Im Falle einer Zugangsquote von 55% können günstigenfalls noch 152 Gemeinden als Standort einer Verbundschule hinzukommen; bei schwieriger Ausgangslage sind es nicht mehr als noch 101 Gemeinden, die eine Verbundschule überörtlich einrichten könnten.

Als Gesamtpotential ergibt sich, dass in Baden-Württemberg in 498 bis 549 Gemeinden gesichert eine Verbundschule eingerichtet werden könnte; die Differenz ist abhängig von den lokalen Zuordnungsmöglichkeiten, wie sie real bestehen. Findet die Verbundschule höhere Akzeptanz (z.B. 60% Zugang), dann kann dieses Gesamtpotential von Gemeinden sich auf bis zu 577 erhöhen.

Tabelle 42:
Erwartbare Schülerzahl für die Eingangsklasse einer Verbundschule in den Gemeinden Baden-Württembergs bei Zugangsquoten von 55% - 60% - 65% (2015 bis 2020)

Anzahl Schüler	Übergänge 55%			**Übergänge 60%**			Übergänge 65%		
	Anzahl	%	% kum.	Anzahl	%	% kum.	Anzahl	%	% kum.
unter 5	93	8,4	8,4	85	7,7	7,7	82	7,4	7,4
5 - 10	135	12,2	20,6	112	10,1	17,8	93	8,4	15,8
10 - 15	185	16,7	37,2	173	15,6	33,4	163	14,7	30,5
16 - 20	101	9,1	46,3	110	9,9	43,3	110	9,9	40,4
20 - 25	112	10,1	56,4	109	9,8	53,1	95	8,6	49,0
25 - 30	91	8,2	64,7	94	8,5	61,6	99	8,9	57,9
31 - 35	**59**	**5,3**	**70,0**	**53**	**4,8**	**66,4**	**63**	**5,7**	**63,6**
35 - 40	**46**	**4,1**	**74,1**	**54**	**4,9**	**71,2**	**58**	**5,2**	**68,8**
40 - 45	28	2,5	76,6	38	3,4	74,7	43	3,9	72,7
45 - 50	38	3,4	80,1	29	2,6	77,3	32	2,9	75,6
50 - 55	27	2,4	82,5	34	3,1	80,3	27	2,4	78,0
55 - 60	22	2,0	84,5	28	2,5	82,9	33	3,0	81,0
61 - 65	**18**	**1,6**	**86,1**	**14**	**1,3**	**84,1**	**17**	**1,5**	**82,5**
66 - 90	51	4,5	90,7	64	5,8	89,9	70	6,3	88,8
90 - 129	40	3,6	94,3	38	3,4	93,3	44	4,0	92,8
über 130	63	5,7	100,0	74	6,7	100,0	80	7,2	100,0
Gesamt	1.109	100,0		1.109	100,0		1.109	100,0	

Quelle: Eigene Prognose und Berechnungen

7.1.3 Versorgungsleistung der Verbundschulen im Vergleich

Um abzuschätzen, ob die Alternative der Verbundschule tatsächlich zu einer Verbesserung der Schulversorgung in den Gemeinden führt, bedarf es der Gegenüberstellung zum vorhandenen und zukünftig zu erwartendem Schulangebot. Für die gegenwärtige Situation ist die Verteilung eindeutig: Neben noch vielen Gemeinden mit einer Werk- bzw. Hauptschule und manchen mit einer Realschule gibt es keine mit einer Verbundschule. Die wenigen Fälle eines Bildungszentrums oder eines Verbundes von Haupt- und Realschule seien erwähnt, werden aber hier nicht als Verbundschule im engeren Sinne gezählt.

Für die zukünftige Situation in den Jahren 2015 bis 2020 wird auf die Analysen zum erwartbaren Bestand der vorhandenen Schulformen Hauptschule, Realschule und Gymnasium zurückgegriffen. Diese Daten werden übernommen. Für die Verbundschule wird zum ersten jene Zahl an Gemeinden festgestellt, deren Potential an Schülerschaft für die Einrichtung hinreicht; danach wird die spezifische Versorgung mit hauptschulischen Bildungsgängen und mit realschulischen Bildungsgängen im Sinne einer Sicherung oder Erweiterung betrachtet. Für alle Schularten, auch für die Hauptschule als zukünftige Werkrealschule, wird die strenge Regel der Zweizügigkeit als Ausweis der stabilen Tragfähigkeit herangezogen.

Es bleibt darauf hinzuweisen, dass durch die Einrichtung von Verbundschulen sich keine Veränderungen für die Standorte von Gymnasien ergeben. Sie können an allen bisherigen Standorten gesichert fortgeführt werden; eher ist in manchen Orten ein zusätzliches Gymnasium erwägenswert. Für den Vergleich wird aus der berechneten Nachfrage im Sinne des Schülerpotentials abgeleitet, dass Gymnasien an 45 weiteren Standorten im Land eingerichtet werden sollten.

Bessere wohnortnahe und tragfähige Schulversorgung mit der Verbundschule

Der Vergleich ergibt einen klaren Vorsprung für die mögliche Versorgungsleistung in den Kommunen durch die Verbundschule, mehr noch gegenüber dem zukünftigen Haupt-/Werkrealschulangebot als dem Realschulangebot.

Bei vergleichbaren Maßstäben können bei Fortschreibung zweizügige Haupt-/Werkrealschulen in nicht mehr als 245 Gemeinden, allein oder in einem Verbund mit anderen Gemeinden, gewahrt werden (selbst wenn 25% Zugang gehalten wird). Damit wären zukünftig fast vier von fünf Gemeinden ohne Hauptschule (77,9%). Wegen der höheren Zugangsquote ist die Versorgung mit Realschulen günstiger und könnte wegen der Nachfrage noch etwas gesteigert werden. Würde dem elterlichen Interesse entsprechend das Realschulangebot ausgebaut, könnte in 26 weiteren Gemeinden eine Realschule hinzukommen, was zu 359 Gemeinden mit einem realschulischen Bildungsgang in dieser Form führen kann. Aber es bleiben 750 Gemeinden, die eine solche Realschule nicht aufweisen würden, das sind zwei Drittel der Gemeinden (67,7%). Es wird ebenfalls ersichtlich, dass in 114 Gemeinden zwar eine Realschule vorhanden ist, aber die Haupt-/Werkrealschule nicht mehr möglich sein wird, zumindest wenn sie zweizügig sein soll (vgl. Tabelle 43, S. 129).

Mit der Verbundschule würde sich die schulische Versorgungssituation der Gemeinden deutlich verbessern. Es könnte in 549 Gemeinden diese Schulform gesichert, zumindest zweizügig eingerichtet werden. Würde dies realisiert, blieben zwar auch dann 560 Gemeinden ohne Schule der Sekundarstufe, immerhin etwa die Hälfte (50,5%), aber es sind deutlich weniger Gemeinden ohne derartige Schulform als bei einem Beharren an der Dreigliedrigkeit mit Haupt- bzw. Werkrealschule und Realschule.

Tabelle 43: Gemeinden mit und ohne Schulangebot in der Sekundarstufe im Vergleich des dreigliedrigen und Zwei Säulen-Modells mit Verbundschule in Baden-Württemberg

Zahl an Gemeinden - Schulstandorte	Hautschule 25 % abs.	in %	Realschule 35% abs.	in %	**Verbundschule** 55%		Gymnasium 45%	
Gegenwärtig 2008/09								
mit Schule	781	70,4	333	30,0	0	0	226	20,4
ohne Schule	328	29,6	776	70,0	**1.109**	**100%**	883	79,6
Zukünftig 2015 - 2020								
Schule, allein sicher.	144	13,0	333	30,0	397	35,8	226	20,4
Schule, mehrere Gemeinden	101	9,1	(26)	2,3	152	13,7	(45)	4,1
Zusammen mit Schule	**245**	**22,1**	**359**	**32,3**	**549**	**49,5**	**271**	**24,5**
ohne Schule	864	77,9	750	67,7	560	50,5	838	75,5
Insgesamt	1.109	100	1.109	100	1.109	100	1.109	100

Im **Vergleich zur Hauptschule** hätten mit der Verbundschule **304 Gemeinden mehr** weiterhin einen hauptschulischen Bildungsgang am Ort. Dies ist als ein hohes Maß an möglicher Sicherung dieses Bildungsganges durch die Verbundschule und als ein großer Gewinn für die Wohnortnähe der Schulen anzusehen.

Im **Vergleich zur Realschule** ist ebenfalls in deutlich mehr Gemeinden dieser Bildungsgang möglich, und zwar **in 190 Gemeinden mehr**. In allen diesen Fällen handelt es sich um eine Erweiterung des Bildungsangebotes, das den Schulstandort aufwertet und durch die größere Wohnortnähe die Bildungschancen erhöht, nicht zuletzt bei bislang bildungsfernen Schichten und Kindern ausländischer Herkunft.

7.2 Alternative II: Modell der integrierten Sekundarschule

Werden die Schüler/innen über die vierte Klasse hinaus auch in der Sekundarstufe gemeinsam unterrichtet und gefördert, so geschieht dies in einer vollintegrierten Schulform, die als **Sekundarschule** bezeichnet werden kann (öfters auch **Gemeinschaftsschule** genannt). Als Grundlage steht dafür die Jahrgangsbreite in der Gemeinde als Potential zur Verfügung, wobei gewisse Abstriche zu machen sind (durch Besuch von Sonder- oder Förderschule oder einer Schule in privater Trägerschaft). Berechnet wird die Tragfähigkeit daher unter der Annahme von 95%, 90% und 85% Zugang in diese vollintegrierte Schule am Ort.

Die Diskussion um die gemeinsame Schule für alle Kinder auch in der Sekundarstufe hat einige Tradition. Sie ist in vielen Ländern das selbstverständliche Schulangebot, in Deutschland ist sie heftig umstritten. Dabei ist längst belegt, dass in allen Schulformen guter Unterricht und ein gutes Schulleben möglich sind. Dies ist eher abhängig von dem pädagogischen Ethos des Kollegiums, der Kompetenz von Schulleitung und Schulaufsicht, der Ausbildung der Lehrer/innen und nicht zuletzt den Ressourcen der Schulen (Zeit, Räume, Personal). Die Unterstützung der einzelnen Schule zur Entwicklung ihrer Qualität in Unterricht und Schulleben ist ebenfalls eine wichtige Bedingung. Der Aufbau und die Gliederung des Schulwesens spielen für die Qualität der Einzelschule weniger eine Rolle, sie sind aber außerordentlich wichtig für die Bildungswege und Bildungschancen der Kinder und Jugendlichen.

Diese Einsichten besagen auf der anderen Seite aber, dass ein Grundsatzstreit über die Schulstruktur wenig angemessen, eher nachteilig ist. Viel nützlicher ist es, den Schulträgern ja nach regionaler Ausgangslage die Optionen über Aufbau und Verteilung der Schulen einzuräumen. Dazu sind sicherlich klare Kriterien und eindeutige Maßstäbe allgemeiner Art vonnöten, die für alle Schulformen gelten müssen und die Schulträger wie Schulen in die Verantwortung nehmen. In solcher Schulstrategie sind Verbundschule und Sekundarschule keine „Schulen besonderer Art“ und mit Bann belegte Erscheinungen, sondern ebenso bewährte und erfolgreiche Alternativen für die Schulversorgung in den Kommunen und Kreisen. In vielen Situationen des Wandels von Schüleraufkommen und neuen Anforderungen erweisen sie sich sogar dem gegliederten Schulwesens überlegen, zumal in Fragen eines chancengerechten Zugangs und einer sozial fairen Förderung wie Selektion in der Schullaufbahn.

7.2.1 Möglichkeiten für Sekundarschulen im Land und in den Kreisen

Allgemein ist im ersten Schritt zu prüfen, wie hoch das Potential für die Sekundarschule landesweit ausfallen dürfte. Daran bemisst sich die Möglichkeit, Sekundarschulen tatsächlich einzurichten, wobei zum einen die mögliche Anzahl in den Kreisen, zum anderen das Potential der einzelnen Gemeinde als Strandort interessiert. Wie bei den anderen Schulformen können auch die Sekundarschulen in den Kommunen das Schülerpotential unterschiedlich für ihren Besuch gewinnen. Als integrierte Schulform sprechen Sekundarschulen prinzipiell alle Schüler/innen einer Gemeinde an, aber aus verschiedenen Gründen ist nicht zu erwarten, dass alle Kinder und Jugendlichen die örtliche öffentliche Sekundarschule besuchen. Für die Sekundarschulen werden folglich drei Varianten des Zugangs berechnet und ihre Folgen für die Einrichtung einer zwei- oder dreizügigen Schule geprüft: Als überwiegend wird ein Zugang von 90% des allgemeinen Schülerpotentials erwartet; ist der Zugang überproportional erhöht er sich auf 95%, ist er geringer fällt der Zugang auf 85%.

Diese hohe Rekrutierung aus dem allgemeinen örtlichen Schülerpotential für die Sekundarschule setzt allerdings voraus, dass keine lokale oder nachbarliche Schulkonkurrenz durch Gymnasien und Realschulen besteht. Ist eine solche Konstellation am Ort oder in der Nachbarschaft gegeben, kann sich der Zugang zur Sekundarschule auf 30% bis 60% des lokalen Schülerpotentials belaufen, je nach örtlicher oder regionaler Konstellation. Solche Quoten werden für den Zugang zu den in vielen Bundesländern vorhandenen Gesamtschulen ausgewiesen; nicht selten besteht bei ihnen sogar ein Nachfrageüberhang, vor allem wenn auch ein gutes Ganztageskonzept vorhanden ist.

Anders als bei der Verbundschule sind bei der integrierten Sekundarschule zwei Varianten möglich: entweder eine Schule mit zwei Zügen oder eine Schule mit drei oder mehr Zügen.

Bei angesetzter **Zweizügigkeit** sind erwartungsgemäß aufgrund des Schüleraufkommens sehr viele integrierte Sekundarschulen möglich. Für das Erreichen dieser Zweizügigkeit wird rechnerisch eine Anzahl von 60 Schüler/innen für eine solche kleinere Sekundarschule angesetzt, um mögliche lokale und regionale Bedingungen der Einrichtung zu berücksichtigen. Zur Orientierung des Gesamtpotentials bei günstiger Auslegung der Schulen wird auch die Variante mit 40 Schüler/innen pro Sekundarschule berechnet und ausgewiesen. Es ist davon auszugehen, dass zweizügige Sekundarschulen die Kinder und Jugendlichen bis Klasse 10 gemeinsam unterrichten und danach der Übergang in eine „gymnasiale Oberstufe", die zur Hochschulreife führt, erfolgt: Dies kann dann eine andere, größere Sekundarschule sein oder ein allgemeinbildendes bzw. berufliches Gymnasium. Selbstverständlich steht dann ebenso der Weg in die berufliche Ausbildung offen.

Bei verlangter **Dreizügigkeit** oder mehr Zügen sind in der Folge etwas weniger gemeinsame Schulen möglich. Um die Möglichkeit zur Einrichtung solcher Sekundarschulen zu bestimmen, wird von einer Schülerschaft von zumindest 80 Schüler/innen im Zugang ausgegangen, entsprechend dem Vorgehen für die Gymnasien (die in der Regel auch zumindest dreizügig sein sollten). Die Dreizügigkeit oder mehr Züge werden angestrebt, um eine hinreichend große Schülerschaft nach der Selektion mit der Klasse 10 für die „gymnasiale Oberstufe" zu erreichen, über die dann unmittelbar die Hochschulreife, allgemeiner oder fachgebundener Art, erreicht werden kann, je nach Art und Profil dieser Oberstufe. Bei einem Zugang von zumindest 80 Schüler/innen können in der Oberstufe dann 40 und mehr erwartet werden, wenn davon ausgegangen werden kann, dass zumindest die Hälfte einer Jahrgangskohorte den Zugang in die Oberstufe schafft.

Hohes Schülerpotential und viele Sekundarschulen in den Kreisen möglich

Für die Sekundarschulen stehen landesweit naturgemäß viele Schüler/innen zur Verfügung, die Sekundarschule hat ein hohes Schülerpotential. Dies ist als ein wichtiger, oft unterschätzter Vorteil dieser integrierten Schulform bei demographisch zurückgehenden Schülerzahlen wie an der Situation bei den Grundschulen abzulesen ist, die weit öfters tragfähig wohnortnah bleiben können als die Hauptschulen mit denen sie die GHS bilden. Bei einem Zugang von 90%, der zumeist zu erwartende Grad an Akzeptanz, sind landesweit 83.152 Schüler/innen für die Sekundarschulen zu erwarten. Fällt die Akzeptanz höher aus (95%), steigt das Schülerpotential auf 87.770 Schüler/innen im Zugang; bleibt die Akzeptanz geringer (85%), dürften noch 78.530 Schüler/innen die Eingangsklassen der Sekundarschulen besuchen. Die weiteren Untersuchungen zur zukünftigen Schulentwicklung und den Möglichkeiten für die Einrichtung von Sekundarschulen in den Kreisen und Gemeinden gehen durchweg von einer Akzeptanzstufe von 90% für diese Schulform aus (vgl. Tabelle 44, S. 133).

Würde vorausgesetzt, dass alle Sekundarschulen im Schnitt eine gesicherte Zweizügigkeit bei 40 Schüler/innen im Zugang aufweisen, müssten im Land bei günstiger Auslegung insgesamt 2.079 solcher Schulen eingerichtet werden. Diese Zahl mag auf den ersten Blick übermäßig groß erscheinen, aber bemessen am gegenwärtigen Stand von Schulen und damit Schulgebäuden für Hauptschulen, Realschulen und Gymnasien in öffentlicher Trägerschaft sind es nicht viel mehr. Denn dieser Bestand beläuft sich auf insgesamt 1.980 öffentliche Schulen in der Sekundarstufe (die privaten Schulen nicht mitgerechnet). Daher wären planerisch nur 99 Schulen mehr vonnöten, die sich bei dieser Modalität der durchgehenden Zweizügigkeit ergeben würden.

Eine durchgehende Zweizügigkeit der Sekundarschulen ist aber weder notwendig noch erstrebenswert. Nahe liegender und günstiger ist ein Mix aus zweizügigen sowie drei- und mehrzügigen Sekundarschulen, je nach Ausgangslage in den Kommunen und gemäß den Interessen in der Elternschaft.

- - Bei einem solchen **Mix an zwei- und dreizügigen Sekundarschulen** berechnet sich im Land ein planerischer **Bedarf von 1.386 Schulen** (mit dem Berechnungsmodus von gesichert 60 Schüler/innen in der Eingangsklasse).
- - Wird verlangt, **alle Sekundarschulen zumindest dreizügig** zu führen, dann ergibt sich der planerische **Bedarf von 1.039 solcher Schulen** landesweit (mit dem Berechnungsmodus von gesichert 80 Schüler/innen in der Eingangsklasse).

Beide Varianten der möglichen Schülerzahl und Zügigkeit für einzurichtende Sekundarschulen sind kreisweise berechnet und ausgewiesen (vgl. Tabelle 44, S. 133).

Tabelle 44: Erwartbare Schülerzahlen und integrierte Sekundarschulen nach Kreisen

Kreis		Allgem. Schüler-potential 2015	Schüler-zahl bei **90%** Zugang	Schulbestand 2008/09 HS + RS + GY	Zahl **Sekundarschulen** bei... 40 pro Schule (2z.)	60 pro Schule (2 - 3z.)	80 pro Schule (3z. u. m.)
01	S Stuttgart	5.508	4.957	20 + 19 + 26	124	83	62
02	L Böblingen	3.390	3.051	11 + 16 + 16	76	51	38
03	L Esslingen	4.636	4.172	19 + 22 + 17	104	70	52
04	L Göppingen	2.095	1.886	16 + 11 + 9	47	31	24
05	L Ludwigsburg	4.756	4.280	20 + 21 + 20	107	71	54
06	L Rems-Murr	3.528	3.175	15 + 18 + 14	79	53	40
07	S Heilbronn	1.136	1.022	9 + 4 + 5	26	17	13
08	L Heilbronn	2.796	2.516	16 + 13 + 10	63	42	31
09	L Hohenlohe	961	865	3 + 6 + 3	22	14	11
10	L Schw. Hall	1.684	1.516	8 + 11 + 6	38	25	19
11	L Main-Tauber	1.047	942	4 + 7 + 5	24	16	12
12	L Heidenheim	1.061	955	6 + 7 + 6	24	16	12
13	L Ostalbkreis	2.765	2.488	10 + 16 + 14	62	41	31
14	S Baden-Baden	384	345	2 + 1 + 3	9	6	4
15	S Karlsruhe	2.540	2.286	3 + 9 + 11	57	38	29
16	L Karlsruhe	3.520	3.168	17 + 15 + 12	79	53	40
17	L Rastatt	1.780	1.602	7 + 10 + 6	40	27	20
18	S Heidelberg	1.200	1.080	3 + 3 + 4	27	18	14
19	S Mannheim	2.729	2.456	17 + 9 + 9	61	41	31
20	L Neckar-Od.	1.207	1.086	6 + 6 + 6	27	18	14
21	L Rhein-Neckar	4.449	4.004	17 + 16 + 16	100	67	50
22	S Pforzheim	1.062	955	4 + 4 + 5	24	16	12
23	L Calw	1.291	1.161	6 + 7 + 5	29	19	15
24	L Enzkreis	1.490	1.341	4 + 9 + 6	34	22	17
25	L Freudenstadt	1.015	913	3 + 7 + 5	23	15	11
26	S Freiburg	2.007	1.806	5 + 6 + 9	45	30	23
27	L Breisgau-H.	2.128	1.915	7 + 9 + 8	48	32	24
28	L Emmendingen	1.320	1.188	5 + 7 + 4	30	20	15
29	L Ortenau	3.587	3.228	13 + 17 + 13	81	54	40
30	L Rottweil	1.216	1.094	3 + 6 + 6	27	18	14
31	L Schw.-Baar	1.733	1.560	9 + 8 + 7	39	26	20
32	L Tuttlingen	1.272	1.145	6 + 7 + 5	29	19	14
33	L Konstanz	2.178	1.960	11 + 10 + 9	49	33	25
34	L Lörrach	1.743	1.569	9 + 8 + 7	39	26	20
35	L Waldshut	1.347	1.212	9 + 9 + 3	30	20	15
36	L Reutlingen	2.396	2.156	9 + 10 + 9	54	36	27
37	L Tübingen	1.962	1.766	5 + 7 + 9	44	29	22
38	L Zollernalb	1.583	1.425	11 + 11 + 8	36	24	18
39	S Ulm	1.152	1.036	4 + 4 + 6	26	17	13
40	L Alb-Donau	1.712	1.541	11 + 8 + 5	39	26	19
41	L Biberach	1.753	1.578	6 + 7 + 7	39	26	20
42	L Bodensee	1.686	1.517	6 + 7 + 6	38	25	19
43	L Ravensburg	2.439	2.195	16 + 11 + 11	55	37	27
44	L Sigmaringen	1.155	1.039	5 + 8 + 6	26	17	13
	Land insgesamt	**92.389**	**83.152**	**394 + 427 + 377**	**2.079**	**1.386**	**1.039**

Quelle: Statistisches Landesamt und eigene Berechnungen.

Sollten nur **3-zügige Sekundarschulen** eingerichtet werden, dann reichen für den kleinsten Stadtkreis 4 solcher Schulen hin, für den größten Stadtkreis, die Landeshauptstadt Stuttgart würden 62 Schulen anzusetzen sein. Ebenfalls viele solcher Schulen ergeben sich in den drei LK Esslingen, Göppingen und

Rhein-Neckar mit 50 bis 54 dreizügigen Sekundarschulen als planerischem Bedarf. Diese Zahlen sind als Mindestprogramm zu verstehen, weil Sekundarschulen je nach regionaler Ausgangslage auch mit vier bis fünf Zügen eingerichtet werden könnten. Jedoch sollten 5-zügige Schulen wie auch bei Realschulen und Gymnasien möglichst vermieden werden, weil sie die Schulführung erschweren und zu anonymisierten Verhältnissen tendieren.

Weniger Schulraum und Schulgebäude sind für integrierte Schulform nötig

Bei dem für die Schulentwicklung zu bevorzugenden Mix aus zwei- sowie drei- bzw. auch vierzügigen Sekundarschulen erhöht sich zwar der grundsätzliche Bedarf an Schulen dieser Form auf 1.386, er bleibt aber weit unter dem jetzigen Schulbestand öffentlicher Schulen in der Sekundarstufe, der bei 1.980 liegt (darunter 1.176 Hauptschulen). Daraus lässt sich folgern, dass trotz der hohen Zahl an Sekundarschulen, die einzurichten sind, oftmals kein zusätzliches Schulgebäude errichtet werden muss, weil die vorhandenen Schulgebäude und Räume, die leer zu stehen drohen, bei effizienter Schulentwicklung genutzt werden können.

Die Relation von aktuellem Schulbestand gegenüber dem Bedarf an zwei- oder dreizügigen Sekundarschulen bleibt in allen Kreisen gleich: Überall sind weniger Schulen vonnöten, um die Schulversorgung zu gewährleisten als bei einem starren Festhalten an der Dreigliedrigkeit oder einzelnen ihrer Schularten. Dies besagt, dass die einzurichtenden Sekundarschulen bei dieser Mix-Strategie der Schulentwicklung weitgehend auf vorhandene Schulgebäude und Schulräume zurückgreifen können, was für die Schulträger wiederum eine wichtige Perspektive darstellt.

Wird der zukünftig zu erwartende Schulbestand im dreigliedrigen Schulwesen betrachtet, sind die häufigere Schließung von Hauptschulen und die deutlich geringere Zahl an verbleibenden Haupt-/Werkrealschulen zu berücksichtigen. Selbst wenn eine gewisse Zunahme bei den Realschulen (+26) und bei den Gymnasien (+45) unterstellt wird, bleibt die Zahl der öffentlichen Schulen in der Sekundarstufe etwas niedriger als an Sekundarschulen benötigt wird. Denn der Bedarf an Schulgebäuden beträgt dann zukünftig bei Dreigliedrigkeit der Sekundarstufe noch 1.269 Schulen; folglich wäre ein beachtlicher Leerstand von 711 Schulgebäuden oder zumindest eine unzureichende Nutzung bei den vorhandenen Grund- und Hauptschulen hinzunehmen, der den Schulträgern Sorge bereiten muss. Durch die Einrichtung von Sekundarschulen könnte dieser drohende Leerstand an Schulgebäuden und –räumen öfters aufgefangen werden.

7.2.2 Künftige Möglichkeiten für eine Sekundarschulen in den Gemeinden

Eine ausschlaggebende Klärung zur Bestimmung der schulischen Versorgungsleistung bezieht sich auf die Frage, wie viele Gemeinden als Schulstandort eigenständig oder im Verbund mit Nachbarn in Frage kommen. Allerdings sind in Baden-Württemberg viele Gemeinden so klein, dass sie nicht einmal eine Grundschule vorhalten, und zwar 69; in weiteren 259 Gemeinden besteht bereits heute keine Hauptschule. Die Zahl der Gemeinden ohne Schule der Sekundarstufe könnte sich zukünftig stark erhöhen, wenn die tragfähige Präsenz von Haupt-/Werkrealschule und Realschule zugrunde gelegt werden. Bei solchen Aussichten wäre es von Vorteil, wenn möglichst viele Gemeinden ihr Schulangebot in der Sekundarstufe halten könnten – und sei es in der integrierten Form einer Sekundarschule.

Bei einer Gemeindegröße mit weniger als 30 Schüler/innen im Jahrgang wird auch eine integrierte Schule in der Kommune kaum tragfähig sein, selbst wenn nur Zweizügigkeit verlangt wird. Dies ist im Land bei 489 kleineren Gemeinden der Fall, von denen aber viele bereits gegenwärtig keine Schule der Sekundarstufe haben und die in Zukunft alle keine Schule der Sekundarstufe bei Dreigliedrigkeit aufweisen dürften. Sie kommen als Schulstandort allein, ohne Verbund oder Zusammenlegung mit einer oder mehreren Nachbargemeinden, aufgrund des eigenen Schülerpotentials auch in der integrierten Schulform nicht in Frage. Für sie stellt sich die Frage; wie viele Schulstandorte einer Sekundarschule wenigstens mit zwei Zügen bis Klasse 10 sich bei Zusammenlegung des Schülerpotentials dieser kleinen Gemeinden ergeben werden. Dies wäre durchaus als Äquivalent der Verbundschule bzw. der Unter- und Mittelstufe eines Gymnasiums zu verstehen (vgl. Tabelle 45, S. 136).

Aufschlussreich ist die Auskunft, dass grundsätzlich insgesamt 620 Gemeinden eigenständig als Standort einer gesicherten Sekundarschule mit zwei oder drei (auch mehr) Zügen in Frage kommen, wenn der Übergang im Schnitt 90% beträgt, was durchaus erwartet werden kann. Diese Zahl an 620 eigenständig möglichen kommunalen Standorten setzt sich aus drei Optionen Einrichtung einer Sekundarschule zusammen:

- In 204 Gemeinden ist es möglich mehrere Sekundarschulen einzurichten, zum Teil sogar mehrere drei- oder vierzügige Schulen; vor allem in 130 Gemeinden mit einem Schülerpotential über 130 pro Jahrgang für die Sekundarschule besteht diese breite Option (es sind Gemeinden mit zumeist 15.000 und mehr Einwohnern).
- In weiteren 124 Gemeinden ist bei einem zu erwartenden kommunalen Schülerpotential zwischen 61 bis 90 Schüler/innen im Zugang, zumeist eine Sekundarschule mit 3 bis 4 Zügen möglich; in einzelnen Gemeinden können auch zwei Sekundarschulen zu zwei Zügen eingerichtet werden.
- In 202 Gemeinden wird eine Sekundarschule mit zwei Zügen möglich sein, bei einem mittleren jährlichen Schülerpotential für die Eingangsklasse zwischen 31 und 60 Schüler/innen; allerdings könnten davon 58 Gemeinden nur 31 bis 35 Schüler/innen erreichen, was bei einer geringeren Übergangsquote zu Einbußen in einzelnen Gemeinden führen kann.

Tabelle 45:
Erwartbare Schülerzahl für die Eingangsklasse der integrierten Sekundarschule in den Gemeinden Baden-Württembergs bei Übergangsquoten von 85% - 90% - 95%

Anzahl Schüler	Übergänge 85%			Übergänge 90%			Übergänge 95%		
	Anzahl	in %	% kum.	Anzahl	in %	% kum.	Anzahl	in %	% kum.
unter 5	61	5,5	5,5	61	5,5	5,5	53	4,8	4,8
5 - 10	58	5,2	10,7	53	4,8	10,3	58	5,2	10,0
10 - 15	109	9,8	20,6	97	8,7	19,0	78	7,0	17,0
16 - 20	110	9,9	30,5	103	9,3	28,3	101	9,1	26,1
20 - 25	82	7,4	37,9	87	7,8	36,2	89	8,0	34,2
25 - 30	91	8,2	46,1	88	7,9	44,1	85	7,7	41,8
31 - 35	**70**	**6,3**	**52,4**	**58**	**5,2**	**49,3**	**59**	**5,3**	**47,2**
35 - 40	**68**	**6,1**	**58,5**	**68**	**6,1**	**55,5**	**73**	**6,6**	**53,7**
40 - 45	50	4,5	63,0	56	5,0	60,5	53	4,8	58,5
45 - 50	41	3,7	66,7	52	4,7	65,2	50	4,5	63,0
50 - 55	39	3,5	70,2	37	3,3	68,5	34	3,1	66,1
55 - 60	38	3,4	73,7	31	2,8	71,3	43	3,9	70,0
61 - 65	**19**	**1,7**	**75,4**	**29**	**2,6**	**73,9**	**21**	**1,9**	**71,9**
66 - 90	93	8,4	83,8	95	8,7	82,5	104	9,4	81,2
90 - 129	70	6,3	90,1	74	6,7	89,2	84	7,6	88,8
130 u.m.	110	9,9	100,0	120	10,8	100,0	124	11,2	100,0
Gesamt	1.109	100,0		1.109	100,0		1.109	100,0	

Quelle: Eigene Prognose und Berechnungen

Zu diesen 620 Gemeinden, die eigenständig kommunal eine oder mehrere integrierte Sekundarschulen einrichten und vorhalten können, treten jene hinzu, die nach Zusammenlegung mit dem Schülerpotential von Nachbargemeinden einen tragfähigen Standort für eine Sekundarschule abgeben. Überwiegend dürften dies zweizügige, weniger häufig dreizügige Sekundarschulen sein. Der Berechnungsmodus bleibt der gleiche wie bei den Hauptschulen und den Verbundschulen: Es wird davon ausgegangen, dass alle Gemeinden mit einem geringen Schülerpotential (unter 16 Schüler/innen pro Jahr) als Standort einer öffentlichen Schule, gleich welchen Zuschnitts, nicht geeignet sind. Ihr Schülerpotential kommt daher jenen Gemeinden zugute, die zwar allein eine Schülerschaft von 16 bis 30 Schüler/innen erreichen, damit aber mehr oder weniger unter der Zweizügigkeit bleiben. Je nach den Möglichkeiten der Auffüllung durch das Schülerpotential der allzu kleinen Gemeinden (hier 211 bei 90% Zugang) können dadurch entweder zumindest 92 zusätzliche Standorte gewonnen werden, oder es sind sogar bis zu 139 weitere Standorte, d.h. Gemeinden, möglich. Welche Größenordnung realisiert werden kann, hängt in starkem Maße von den regionalen Verhältnissen hinsichtlich der Lage der betroffenen kleinen und mittleren Gemeinden ab (Nachbarschaft, Verkehrsanbindungen, Verwaltungsgemeinschaften).

Werden alle Standorte von Sekundarschulen zusammengezählt, die entweder kommunal eigenständig möglich sind (602 Gemeinden) oder die nach Zusammenlegung erreichbar sind (zusätzlich 92 bis 139 Gemeinden), dann bietet die Sekundarschule die große Möglichkeit, dass in Zukunft 712 bis sogar 759 Gemeinden Schulstandort mit einem Angebot in der Sekundarstufe sind.

7.2.3 Versorgungsleistung der Sekundarschulen im Vergleich

Die Sekundarschule in ihrer zwei- wie dreizügigen (und mehr) Form muss sich ebenfalls dem Leistungsvergleich stellen hinsichtlich ihrer Fähigkeit, für ein tragfähiges, stabiles und wohnortnahes Schulangebot zu sorgen. Der Vergleich geschieht gegenüber dem gegliederten Schulwesen mit Haupt-/Werkrealschule, Realschule und Gymnasium, aber auch gegenüber dem Zwei-Säulen-Modell mit Verbundschule und Gymnasium.

Zur Klärung der Leistung der verschiedenen Schulformen für die Schulversorgung in den Gemeinden erfolgt eine Gegenüberstellung des vorhandenen und zukünftig zu erwartenden Schulangebotes. Für die gegenwärtige Situation ist die Verteilung eindeutig: Als integrierte öffentliche Sekundarschulen können nur die drei Gesamtschulen in Heidelberg, Mannheim und Freiburg gelten, die nach dem Schulgesetz als „Schulen besonderer Art" geführt werden. Viele Gemeinden sind noch Standort einer Hauptschule, allerdings hat deren Auflösung bereits eingesetzt. Die Standorte von Realschulen und Gymnasien beschränken sich zumeist auf größere Städte; es zeichnet sich aber ein gewisses Defizit bei diesen „weiterführenden Schulen" angesichts steigender Nachfrage ab.

Für die zukünftige Schulsituation in den Jahren 2015 bis 2020 wird wiederum auf die Analysen zum erwartbaren Bestand der vorhandenen Schulformen Hauptschule, Realschule und Gymnasium zurückgegriffen; diese Daten werden übernommen. Für die integrierte Sekundarschule wird einerseits nach Zwei- und Dreizügigkeit hinsichtlich der Versorgungsleistung differenziert, andererseits ergänzend auch die Versorgungsfunktion mit dem kompletten Spektrum der Sekundarstufe in den Vergleich einbezogen. Für alle Schularten wird die strenge Regel der Zügigkeit als Ausweis der stabilen Tragfähigkeit herangezogen, wobei zumindest zwei Züge als Mindeststandard vorausgesetzt werden.

Weit bessere Schulversorgung mit der integrierten Sekundarschule

Der Vergleich ergibt einen klaren Vorsprung für die mögliche Versorgungsleistung in den Kommunen durch die integrierte Sekundarschule. Es bewahrheitet sich, dass bei einem strategischen Mix in der Schulentwicklung mit der Einrichtung von zwei- und dreizügigen Sekundarschulen eine deutlich bessere Schulversorgung mit weniger Schulen zu erreichen ist. Sie ist demnach nicht nur tragfähiger, stabiler und wohnortnäher gestaltbar, sondern auch effizienter und letztlich kostengünstiger. Mittel, die dadurch gewonnen werden, sollten für bessere Ressourcen und Ausstattungen bei den einzelnen Schulen genutzt werden.

Tabelle 46: Gemeinden als Schulstandorte in der Sekundarstufe bei dreigliedrigem Schulangebot, Verbundschule und integrierter Sekundarschule in Baden-Württemberg

Zahl an Gemeinden als Schulstandorte	Hauptschule (25 %)		Realschule (35%)		Gymnasium (45%)		**Sekundarschule** (90%)	
	abs.	in %	abs.	in %	abs.	in %	abs.	in %
Gegenwärtig 2008/09								
mit Schule	781	70,4	333	30,0	226	20,4	3	0,3
ohne Schule	328	29,6	776	70,0	883	79,6	**1106**	**99,7**
Zukünftig 2015 - 2020								
Schule, allein sicher.	144	13,0	333	30,0	226	20,4	620	55,9
Schule, mehrere Gem.	101	9,1	(26)	2,3	(45)	4,1	139	12,5
Zusammen mit Schule	**245**	**22,1**	**359**	**32,3**	**271**	**24,5**	**759**	**68,4**
ohne Schule	864	77,9	750	67,7	838	75,5	350	31,6
Insgesamt	1109	100	1109	100	1109	100	1109	100

Quelle: Eigene Berechnungen und Zusammenstellung

Bei Einrichtung von integrierten Sekundarschulen können gut zwei Drittel der Gemeinden Schulstandort sein (68,4%), wobei sie in dieser Schulform alle Bildungsgänge und Abschlusswege anbieten. Wie zu ersehen, kann mit der Verbundschule die Hälfte der Gemeinden Schulstandort sein (49,5%), allerdings begrenzt sich der gymnasiale Bildungsgang dabei auf ein Viertel der Gemeinden (24,5%). Mit der Dreigliedrigkeit des Schulangebotes wird knapp ein Drittel der Gemeinden Schulstandort sein können (32,3%), wobei dies vor allem durch die Realschulen erreicht wird, während die Schulstandorte mit einem Gymnasium (24,5%) oder einer Haupt-/Werkrealschule (22,1%) noch seltener sein werden. Dies sind eindrucksvolle Stufungen der Schulversorgung im Lande, die ein Votum für die integrierte Sekundarschule als günstigste strategische Option zur Schulentwicklung auf eindrucksvolle Weise untermauern (vgl. Tabelle 46).

Sicherung, Erweiterung und Aufstockung des Schulangebotes durch die integrierte Sekundarschule

Von hoher Relevanz für die mögliche Einrichtung einer Sekundarschule ist die Abwägung, inwieweit durch die integrierte Schulform in den Gemeinden das Bildungsangebot gesichert (hauptschulische Bildungsgänge) oder mit realschulischen und gymnasialen Bildungsgängen erweitert oder aufgestockt werden könnte.

Sicherung des hauptschulischen Bildungsganges: Bei vergleichbaren Maßstäben fällt die Versorgungsleistung des dreigliedrigen Schulsystems gegenüber der integrierten Sekundarschule erheblich ab. Zweizügige Haupt-/Werkrealschulen können zukünftig in nicht mehr als 245 Gemeinden, allein oder in einem Verbund mit anderen Gemeinden, gewahrt werden (selbst wenn ein Zugang von 25% gehalten wird). Damit wäre der hauptschulische Bildungsgang in 514 Gemeinden mehr möglich, wenn er im Rahmen einer Sekundarschule statt in einer eigenen Schulform angeboten wird. Damit ist ein hohes Maß an wohnortnaher Wahrung dieses Bildungsganges durch die Sekundarschule angezeigt, unabhängig davon ob sie zwei- oder dreizügig geführt wird. Dieser Vorteil einer weit höheren Wohnortnähe für den hauptschulischen Bildungsgang darf angesichts seiner engeren Verknüpfung mit dem lokalen Handwerk und den regionalen Betrieben nicht übersehen oder unterschätzt werden.

Erweiterung durch den realschulischen Bildungsgang und mittleren Abschluss: Aufgrund der höheren Zugangsquote könnte die Versorgung mit Realschulen noch etwas gesteigert werden. Würde dem elterlichen Interesse entsprechend das Realschulangebot ausgebaut, könnte in zumindest 26 weiteren Gemeinden eine Realschule hinzukommen, was zu 359 Gemeinden mit einem realschulischen Bildungsgang in dieser Form führt. Trotz dieser günstigeren Situation bei den Realschulen kann auch ihnen gegenüber die Sekundarschule eine weit bessere Versorgungsleistung aufweisen: Denn es sind genau 400 Gemeinden mehr, die dann einen realschulischen Bildungsgang und Abschluss in der Sekundarschule integriert anbieten könnten. Die zweizügige Sekundarschule wäre eine starke Erweiterung im Schulangebot sehr vieler Gemeinden, die damit die unmittelbare Möglichkeit zum mittleren Bildungsabschluss anböten. Es wäre daher unverständlich, wenn diese Option den Gemeinden vorenthalten würde oder sie diese Möglichkeit nicht prüfen und nutzen würden.

Aufstockung mit dem gymnasialen Bildungsgang und Abschluss: Für Gemeinden als Standort eines Gymnasiums ist absehbar, dass sich deren Zahl in den nächsten Jahren erhöhen kann. Aber es ist kaum zu erwarten, dass mehr als 271 Gemeinden als Gymnasialstandort für die dann womöglich gut 420 öffentlichen Gymnasien in Frage kommen (bei Ausbau). Denn zu sehr bleibt das Gymnasium auf die größeren Orte oder auf regional weite Einzugsbereiche begrenzt. Damit ist der Zugang über einen direkten Bildungsweg zur Hochschulreife für viele Bevölkerungskreise und fähige Kinder und Jugendliche aufgrund der räumlichen Distanz erschwert. Für einen unmittelbaren Vergleich mit den Gymnasien werden nur Sekundarschulen mit drei und mehr Zügen herangezogenen. Drei- und mehrzügige Sekundarschulen, mit eigener gymnasialer Oberstufe können, wie ausgewiesen, in 328 Gemeinden eigenständig tragfähig eingerichtet werden, hinzukämen gut 46 drei- und mehrzügige Sekundarschulen durch die Schülerschaft mehrerer Gemeinden. Dies beläuft sich insgesamt auf 374 Gemeinden, die in ihrer Sekundarschule den gymnasialen Bildungsgang bis Klasse 12 und bis zur Hochschulreife anbieten können. Damit würde eine erhebliche Aufstockung des Bildungsangebotes in zusätzlichen 103 Gemeinden erfolgen.

Zugleich wird an diesen Verhältnissen ersichtlich, dass mit der dreizügigen Sekundarschule, die den hauptschulischen, realschulischen und gymnasialen Bildungsgang integriert, viel mehr Gemeinden über das volle Spektrum der Bildungswege in der Sekundarstufe verfügen würden als beim Festhalten an der Dreigliedrigkeit. Mit dem dreigliedrigen Schulangebot sind nur 200 Gemeinden bislang in der Lage, alle drei Schularten und Abschlüsse vorzuhalten; wird die Einrichtung von integrierten Sekundarschulen ermöglicht, dann stiege diese Zahl auf 374 Gemeinden – eine entscheidende Ausweitung der Bildungsangebote.

8 Bilanz der Versorgungsleistung und Folgerungen

Die Gefährdungen des gegenwärtigen Schulangebotes und seine Schieflage verlangen nach einer aktiven, vorausschauenden Schulentwicklung. Dafür planerisch bedeutsame Daten vorzulegen, Entwicklungen aufzuzeigen und Optionen vorzustellen ist Aufgabe dieses Gutachtens. Die Aufarbeitung erfolgt unter den Kriterien der Wohnortnähe, Tragfähigkeit und Stabilität des Schulangebotes, um eine anspruchsvolle Versorgung und gerechte Verteilung zu erreichen. Dafür wird nicht nur die Fortschreibung des gegliederten Schulwesens vorgenommen und auf ihre Zukunftsfähigkeit hin untersucht, sondern auch zwei Alternativen der Schulstruktur in der Sekundarstufe werden überprüft: zum einen das Zwei-Säulen-Modell mit der Verbundschule und zum anderen die integrierte Sekundarschule.

Die Zusammenfassung zum Gutachten erfolgt in zwei Schritten: Zuerst wird der Vergleich über die kommunale Versorgungsleistung der jeweiligen Schulmodelle bilanziert, denn daran muss sich letztlich die Güte der jeweiligen Schulstruktur, gegliedert oder integriert, erweisen. Herangezogen wird dabei zum einen die Frage nach den Schulstandorten und zum anderen nach der Sicherung, Erweiterung und Aufstockung des Schulangebotes. Abschließend werden einige Folgerungen hinsichtlich der Optionen der Gemeinden gezogen und Empfehlungen für eine aktive Gestaltung der Schulentwicklung ausgesprochen.

8.1 Vergleich der Versorgungsleistungen

Um die wohnortnahe Versorgungsleistung von Fortschreibung und Alternativen zu bestimmen, wird für die jeweiligen Modelle des Schulangebotes geklärt, in wie vielen Gemeinden gesichert ein hauptschulischer, ein realschulischer und ein gymnasialer Bildungsgang mit den entsprechenden Abschlüssen vorhanden sein wird. Je mehr Gemeinden tragfähig und gesichert diese Bildungsgänge zukünftig vorhalten können, desto günstiger ist die Versorgungsleistung und desto besser sind die regionalen Bildungschancen verteilt.

Die Kriterien und Maßstäbe, an denen sich die Leistungsfähigkeit für die Schulversorgung der verschiedenen Modelle des Schulangebotes in der Sekundarstufe erweisen muss, sind äquivalent anzuwenden: Das betrifft die Bestimmung des Zugangs, die erreichbare Schülerzahl, die Festlegung der Zügigkeit und die Modalitäten von Bestand, Zusammenlegung und möglicher Auflösung.

8.1.1 Erster Vergleich: Gemeinden als Schulstandort

Für alle fünf Schularten, d.h. Hauptschule, Realschule, Gymnasium, Verbundschule und Sekundarschule wird zuerst die einfache Frage behandelt: Wie viele Gemeinden kommen jeweils als Schulstandort in Frage?

Bezugspunkt ist dafür die Zahl der Gemeinden im Land, 1.109, und der gegenwärtige Bestand (2008/09). Für jede der fünf Schularten wird untersucht und ausgewiesen, wie groß die Zahl der Gemeinden als Schulstandort jeweils ist und welcher Anteil an allen Gemeinden damit erreicht wird. Für die herkömmlichen Schularten ergibt sich gegenwärtig eine eindeutige Stufung: Hauptschulen finden sich in 70%, Realschulen in 30% und Gymnasien in 20% der Gemeinden des Landes. Aktuell finden sich Verbundschulen an keinem Ort und integrierte Sekundarschulen nur in drei größeren Orten – Freiburg, Heidelberg und Mannheim.

Für den zukünftigen Schulbestand ab 2015 und die Zahl der Gemeinden als Schulstandort wird danach unterscheiden, ob die jeweilige Schulart kommunal allein gesichert vorgehalten werden kann oder ob ein Standort erst durch Beteiligung mehrerer Gemeinden erreicht wird, d.h. durch Zusammenlegung des Schülerpotentials. Aus der Summe beider Möglichkeiten resultiert die interessierende Zahl von Gemeinden, in welcher die jeweilige Schulart gehalten oder eingerichtet werden kann. Sie können somit jeweils planerisch Schulstandort zukünftig bleiben oder werden (vgl. Tabelle 47, S. 143).

Weit bessere Schulversorgung mit Verbundschule und integrierter Sekundarschule

Bei Einrichtung von **integrierten Sekundarschulen** können **gut zwei Drittel der Gemeinden** in Zukunft Schulstandort sein (68,4%), wobei sie in dieser Schulform alle Bildungsgänge und Abschlüsse, bis hin zur Hochschulreife, anbieten. Bemerkenswert erscheint ergänzend, dass unter den 759 Gemeinden mit dem Potential für eine Sekundarschule sich 218 Städte allein gesichert eine Sekundarschule mit drei und mehr Zügen einrichten könnten.

Wie zu ersehen, kann mit der **Verbundschule die Hälfte der Gemeinden** zukünftig Schulstandort (49,5%) sein. Allerdings begrenzt sich der gymnasiale Bildungsgang wie bislang in Form der bisherigen Gymnasien auf ein Fünftel der Gemeinden (20,4%), wenn kein Ausbau erfolgt.

Bei **Dreigliedrigkeit des Schulangebotes wird knapp ein Drittel der Gemeinden** Schulstandort sein (32,3%), wobei dies meist durch die Realschulen erreicht wird. Höchstens eine Viertel der Gemeinden (24,5%) wird Standort eines Gymnasiums sein können, selbst bei zusätzlichem Ausbau. Eine Haupt-/Werkrealschule wäre bei strikt verlangter Zweizügigkeit in noch weniger Gemeinden zu finden (17,2%); bei günstiger Zuteilung der Schüler/innen und einzelnen einzügigen Hauptschulen (ca. 62) könnte dieser Anteil auf bis zu 26,6% ansteigen.

Tabelle 47: Gemeinden als Schulstandort in der Sekundarstufe bei dreigliedrigem Schulsystem, Verbundschule und integrierter Sekundarschule; Prognose 2015

Zahl an Gemeinden als Schulstandorte	Hauptschule (20%)		Realschule (35%)		**Verbund-schule** (55%)		Gymnasium (45%)		**Sekundar-schule** (90%)	
	abs.	in %	abs.	in %	abs.	in %	abs.	in %	abs.	in %
Gegenwärtig 2008/09										
mit Schule	781	70,4	333	30,0	0	0	226	20,4	3	0,3
ohne Schule	328	29,6	776	70,0	**1109**	**100**	883	79,6	**1106**	**99,7**
Zukünftig 2015 - 2020										
Schule, allein sicher	111	10,0	333	30,0	397	35,8	226	20,4	620	55,9
Schule, mehrere Gemeinden	80	7,2	(26)	2,3	152	13,7	(45)	4,1	139	12,5
Gemeinden mit Schule	**191**	**17,2**	**359**	**32,3**	**549**	**49,5**	**271**	**24,5**	**759**	**68,4**
ohne Schule	918	82,8	750	67,7	560	50,5	838	75,5	350	31,6
Insgesamt	1109	100	1109	100	1109	100	1109	100	1109	100

Quelle: Eigene Berechnungen und Zusammenstellung (die angesetzte Zugangsquote ist in Klammern angeführt)

* Maßstab „Schule, allein sicher“: kommunal zumindest Schülerpotential für 2 Züge; „Schule, mehrere Gem.“: Zusammenlegung des Schülerpotentials mehrerer Gemeinden, mit dem Modus: bei kommunal weniger als 16 Schüler/innen kann keine Schule geführt werden; das Schülerpotential dieser Gemeinden ohne Schule wird jenen Gemeinden zugerechnet, die 15 bis 30 Schüler/innen haben (einzügig wären); bei günstiger Zuteilung kann in der Hälfte dieser Gemeinden eine Schule eingerichtet werden.

In allen Vergleichen erweist sich, dass die **Fortschreibung** des gegliederten Modells für die Schulversorgung und Wohnortnähe mit Abstand am ungünstigsten ist. Die **Verbundschule** ermöglicht die Sicherung der hauptschulischen und die Erweiterung um realschulische Bildungsgänge in weit mehr Gemeinden, allerdings nicht die Erweiterung um gymnasiale Bildungsgänge. Die **integrierte Sekundarschule** (als 2- und 3-zügige) würde für die meisten Gemeinden im Kreis das volle Bildungsangebot der Sekundarstufe eröffnen und zugleich die weitaus wenigsten Gemeinden ohne Sekundarschule lassen: ein entscheidender Gewinn an Wohnortnähe und Aufwertung des Schulstandortes.

Die eindeutige Stufung der Schularten hinsichtlich der Wohnortnähe und der Gemeinden als Schulstandort kann in eine anschauliche Bilanz gefasst werden (vgl. Abbildung 1, S. 144):

- Die Gemeinden sind am seltensten Standort einer Werkreal- bzw. Hauptschule: nur 191 Gemeinden können es sein;
- die Zahl der Standorte von Gymnasien könnte sich auf 271 Gemeinden, die von Realschulen auf 359 Gemeinden etwas erhöhen;
- die Verbundschule bringt eine deutliche Steigerung auf 549 Gemeinden als Schulstandort;
- aber erst die integrierte Sekundarstufe ermöglicht es zukünftig 759 Gemeinden Schulstandort zu sein.

Abbildung 1: Gemeinden als Schulstandorte bei dreigliedriger Schulstruktur, Verbundschule und integrierter Sekundarschule: langfristige Prognose ab 2015

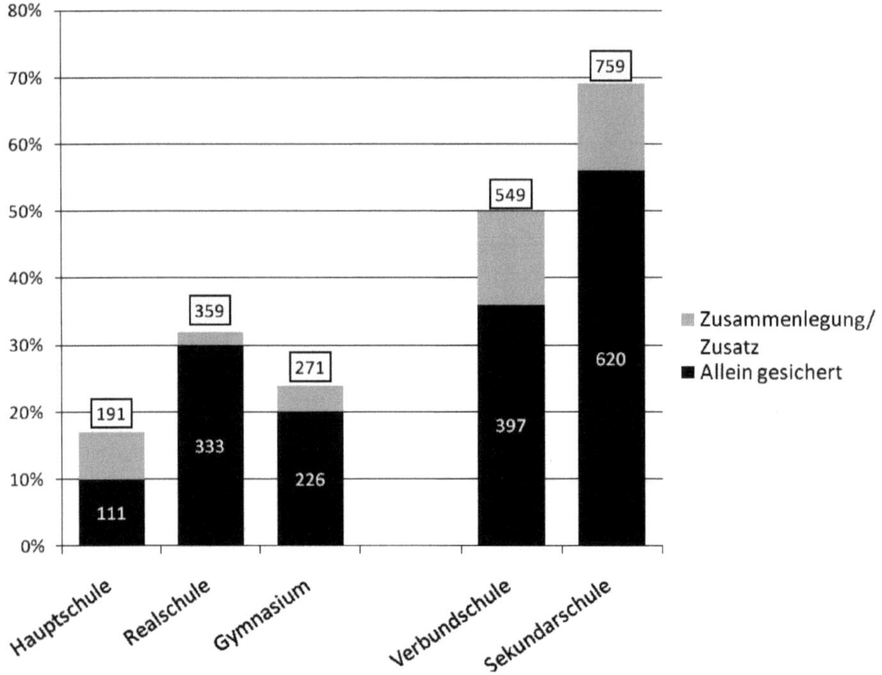

Quelle: Eigene Berechnungen und Daten des Statistischen Landesamtes.

8.1.2 Zweiter Vergleich: Sicherung, Erweiterung und Aufstockung

Von hoher Relevanz für Gemeinden wie Eltern für die mögliche Einrichtung einer Verbundschule oder einer Sekundarschule ist die Abwägung, inwieweit durch die integrierte Schulform in den Gemeinden hauptschulische Bildungsgänge gesichert oder durch realschulische und gymnasiale Bildungsgängen erweitert bzw. aufgestockt werden kann. Es geht um das Vorhalten der verschiedenen Bildungsgänge und Abschlussstufen. Dafür sind drei Aspekte wichtig:

1. Wo kann der hauptschulische Bildungsgang **gesichert** werden,
2. wo kann das Schulangebot um einen realschulischen Bildungsgang **erweitert** werden und
3. wo kann durch einen gymnasialen Bildungsgang das Schulangebot sogar **aufgestockt** werden?

Sicherung des hauptschulischen Bildungsganges: Bei vergleichbaren Maßstäben fällt die Versorgungsleistung der Hauptschule im dreigliedrigen Schulsystem gegenüber den beiden Alternativen erheblich ab. Ein hauptschulischer Bildungsgang könnte in bis zu 590 Gemeinden verloren gehen, wenn am dreigliedrigen Schulwesen in der Sekundarstufe festgehalten wird. Damit ist ein hoher Verlust wohnortnaher Wahrung für diesen Bildungsgang und die entsprechende Qualifikation angezeigt, unabhängig davon ob die Schule zwei- oder dreizügig geführt wird (vgl. Abbildung 2, S. 146).

Erweiterung durch realschulischen Bildungsgang und mittleren Abschluss: Aufgrund der höheren Zugangsquote könnte die Versorgung mit Realschulen auch im dreigliedrigen Schulsystem noch etwas gesteigert werden. Trotz dieser günstigeren Situation bei den Realschulen kann auch ihnen gegenüber die Verbundschule wie die Sekundarschule eine weit bessere Versorgungsleistung aufweisen: Denn es sind bei der Verbundschule genau 261 Gemeinden mehr, bei der Sekundarschule sogar bis zu 426 Gemeinden mehr, die dann einen realschulischen Bildungsgang und Abschluss anbieten könnten. Verbund- wie Sekundarschule würde eine starke Erweiterung im Schulangebot zum mittleren Abschluss vieler Gemeinden eröffnen und ermöglichen.

Aufstockung mit dem gymnasialen Bildungsgang und Abschluss: Für Gemeinden als Standort eines Gymnasiums ist absehbar, dass sich deren Zahl in den nächsten Jahren erhöhen kann. Aber es ist kaum zu erwarten, dass bei dreigliedriger Schulstruktur zusätzlich mehr als 45 Gemeinden als Gymnasialstandort für die dann womöglich gut 420 öffentlichen Gymnasien in Frage kommen (bei Ausbau). Denn zu sehr bleibt das Gymnasium auf die größeren Orte oder auf regional weite Einzugsbereiche begrenzt. Dies gilt auch bei Einführung der Verbundschule, weil im Zwei-Säulen-Modell das Gymnasium gesondert bleibt.

Zweizügige oder drei- und mehrzügige Sekundarschulen, dann mit eigener Oberstufe, können zusätzlich in 533 Gemeinden tragfähig den gymnasialen Bildungsgang anbieten; darunter wären 374 Gemeinden, die in ihrer Sekundarschule den gymnasialen Bildungsgang bis Klasse 12 und damit bis zur Hochschulreife führen können. Dies wäre eine erhebliche Aufstockung des Bildungsangebotes und Abschlusses, der immer mehr nachgefragt wird.

Mit der dreizügigen Sekundarschule, die den hauptschulischen, realschulischen und gymnasialen Bildungsgang integriert, würden viel mehr Gemeinden über das volle Spektrum der Bildungswege in der Sekundarstufe verfügen als beim Festhalten an der Dreigliedrigkeit. Die Erweiterung mit realschulischen Bildungsgängen und Abschlüssen und die Aufstockung mit dem gymnasialen Bildungsgang bis zur Hochschulreife kämen einer „Bildungsexpansion" gleich. Statt das Schulangebot zu reduzieren könnte mit der Verbundschule, noch mehr mit der integrierten Sekundarschule, ein Weg aus der Krise genommen und ein schulpolitischer Aufschwung erreicht werden.

Abbildung 2: Verlust- und Gewinnrechnung für Gemeinden als Schulstandort bei unterschiedlichen Modellen der Schulstruktur für gymnasiale (GYM), realschulische (RS) und hauptschulische (HS) Bildungsgänge im Vergleich zum Bestand 2008/09

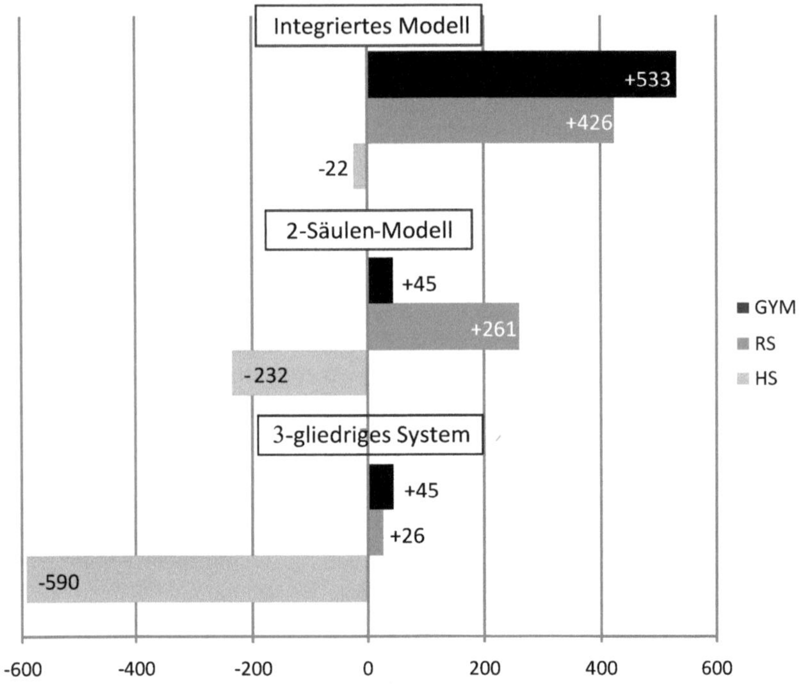

Quelle: Eigene Berechnungen und Daten des Statistischen Landesamtes.

Bei schmalerem allgemeinem Schülerpotential führt die Dreiteilung dazu, dass kein Angebot hinreichende Schülerzahlen erreicht und der schwächste Teil sogar unter die Tragfähigkeit gerät und von Auflösung bedroht ist. Sichtbar werden die vielfältigen Vorteile der integrierten Sekundarschule für Tragfähigkeit, Wohnortnähe, Stabilität, Zuverlässigkeit und Flexibilität allerdings erst, wenn ernsthaft eine Verlust- und Gewinnrechnung aufgemacht wird und die Versorgungsleistungen der verschiedenen Schulstrukturen vergleichend gegenüber gestellt werden.

Der Leistungsvergleich ergibt einen klaren Vorsprung für die mögliche Versorgungsleistung in den Kommunen durch die Verbundschule, noch mehr durch die integrierte Sekundarschule. Es bewahrheitet sich, dass bei einem strategischen Mix in der Schulentwicklung mit der Einrichtung von zwei- und dreizügigen Sekundarschulen eine deutlich bessere Schulversorgung mit weniger Schulen zu erreichen ist. Diese Schulen sind demnach nicht nur tragfähiger, stabiler und wohnortnäher gestaltbar, sondern auch effizienter und letztlich kostengünstiger. Mittel, die dadurch gewonnen werden, sollten für bessere Ressourcen und Ausstattungen bei den einzelnen Schulen genutzt werden.

8.2 Folgerungen für eine aktive Schulentwicklung

Die Planungsanalysen zur Schulentwicklung im Land, den Kreisen und Gemeinden liefern Resultate, die eindeutige Empfehlungen ermöglichen, sei es allgemeiner oder lokaler Art. In allgemeiner Hinsicht sollte für alle Gemeinden und Bildungsregionen die Möglichkeit eröffnet werden, die kommunal und regional günstigste Variante der Schulversorgung als Option zu wählen. Es ist ein erheblicher Nachteil für die Gemeinden wie für die Bildungschancen der Kinder, wenn an der gegliederten Variante des Schulmodells strikt festgehalten wird. Wenn die kommunale und regionale Versorgungsleistung im Vordergrund steht, sollte für deren Sicherung oder Erweiterung auch die Verbundschule oder die Sekundarschule herangezogen werden.

Steht die Sicherung der Hauptschule und die Erweiterung um mittlere Abschlüsse im Vordergrund, dann empfiehlt sich das Modell der Verbundschule (Regionalschule bzw. Mittelschule). Sie ist vor allem dort einzurichten, wo Hauptschule und Realschule je für sich keine hinreichende Tragfähigkeit erreichen, gemeinsam aber gesichert eine Verbundschule ermöglichen. In diesem Rahmen könnte das Profil der Werkrealschule einbezogen werden. Ein wesentlicher Vorteil diese Lösung besteht auch darin, dass vorhandener Schulraum weiter genutzt wird und nicht leer stünde. In politischer Hinsicht dürfte die Durchsetzung erleichtert sein, weil der Bestand der vorhandenen Gymnasien dadurch nicht in Frage gestellt wird.

Soll von den Gemeinden und im Kreis eine Bildungsoffensive zur Erweiterung der Bildungsangebote und Bildungschancen vorgenommen werden, dann wäre dafür die Einführung der integrierten Sekundarschule vorauszusetzen. Dies wäre ein grundlegender Schritt zu einer chancengerechten Schulversorgung. Damit kann auch die Effizienz der Schulen besser gewährleistet werden, z. B. im Ganztagsbereich, im Fachprofil und im breiteren kulturellen Angebot. Außerdem verringern sich dadurch die Zahl der Ausbildungspendler und die Kosten dafür am meisten. Schließlich wird durch solche Modernisierung das Bildungsklima verbessert und die Bereitschaft bei Bildungsaufsteigern zum längeren Schulbesuch erhöht. Mehr Gemeinden als in den anderen Modellen können sich als anspruchsvoller Schulstandort profilieren.

Orientierung über Gemeindegröße und Optionen zur Schulversorgung

Die Untersuchungen zu den Möglichkeiten der verschiedenen Schulformen in den Gemeinden des Landes geben Anlass zu einigen Folgerungen über die vorauszusetzenden Gemeindegrößen. Hinsichtlich der Gemeindegröße sind fünf Stufen als Richtgröße festzuhalten, die in unterschiedlicher Weise Optionen der weiteren Schulentwicklung kommunal eröffnen:

In der Regel können Gemeinden mit **weniger als 4.000 Einwohnern** weder für die gegliederten Schulformen noch für die Verbund- oder Sekundarschule das Schülerpotential aufbringen. Soweit sie noch eine kleine Hauptschule haben, dürfte sie in den nächsten Jahren aufgelöst werden. Diese Gemeinden werden zukünftig ohne Schule in der Sekundarstufe sein, wie übrigens die meisten bereits heute (gegenwärtig sind 328 Gemeinden ohne Schule der Sekundarstufe).

Gemeinden mit **4.000 bis 5.999** Einwohnern können ebenfalls keine Schulform im gegliederten Schulwesen vorhalten, aber allein zumeist auch keine Verbundschule einrichten, sondern erst in einem Gemeindeverbund. In diesem spannungsvollen Bereich, der keine tragfähige Schule im gegliederten Schulwesen zulässt, aber Optionen für die zweizügige Sekundarschule nahe legt, fallen immerhin 330 Gemeinden. Es liegt an ihnen, etwas gegen die drohende Auflösung ihres Schulangebotes zu unternehmen.

Bei Gemeinden mit **6.000 bis unter 10.000** Einwohnern ist die Schülerschaft für eine zweizügige Hauptschule durchweg unerreichbar, selten für eine Realschule oder ein Gymnasium. Aber für eine zweizügige Verbundschule oder eine dreizügige Sekundarschule wäre das kommunale Schülerpotential hinreichend. In dieser Größenordnung liegen 178 Gemeinden, von denen bisher wenige das gesamte Spektrum der Schulen in der Sekundarstufe anbieten (17 Gemeinden). Für diese Orte sind daher die alternativen Modelle der Verbundschule und vor allem der Sekundarschule (auch größtenteils mit 3 Zügen) besonders erwägenswert.

Sind in einer Gemeinde **10.000 bis 12.000** Einwohner vorhanden, kann im gegliederten Schulwesen dennoch eine der drei Schulformen unter der Tragfähigkeit mit zwei Zügen bleiben, aktuell wie zukünftig in der Regel die Haupt-/Werkrealschule. In diesen Gemeinden kann sowohl die Verbundschule (neben dem Gymnasium) oder die zumindest 3-zügige Sekundarschule sichern, dass alle Bildungsgänge und Zertifikate angeboten werden.

Viele Optionen haben Gemeinden mit **15.000 und mehr** Einwohnern. Sie verfügen bereits gegenwärtig fast durchweg, nämlich in 125 von 134 Gemeinden dieser Größenordnung, über das gesamte Spektrum an Schulen der Sekundarstufe, ergänzend öfters auch in privater Trägerschaft. Bei ihnen kann es zwar zur Einbußen bei den Hauptschulen kommen, aber zumindest eine Werkrealschule kann am Ort gesichert gehalten werden. In diesen Städten würde die Einführung einer Verbundschule nicht zur Sicherung oder zur Erweiterung an Bildungsgängen und Abschlüssen beitragen. Hier wäre eine Umwandlung des Schulwesens verlangt oder die alternativen Modelle würden entsprechend der

Nachfrage aus der Elternschaft eingerichtet, möglicherweise als zusätzliches Angebot.

Besondere Schulsituation in den Vororten der größeren Städte

Zusätzlich ist darauf hinzuweisen, dass in den größeren Städten und vor allem Großstädten (ab ca. 50.000 Einwohnern) die Schulsituation der Vororte zu beachten ist, weil deren spezielle Situation bei der Schulentwicklung oft übersehen wird. Sie liegen aber gegenüber der Hauptgemeinde in vielen Fällen separat, zum Teil als eigene Ortschaft verwaltungsmäßig gekennzeichnet. Für solche Vororte, die selbst öfters eine Größenordnung von 3.000 bis 6.000 Einwohnern erreichen, kann sich ebenfalls die Sekundarschule, seltener die Verbundschule als günstige Lösung einer besseren Schulversorgung anbieten.

Die Konstellation der Probleme wie der Lösungsmöglichkeiten ist in diesen städtischen Vororten ganz analog zu der bei den selbständigen Gemeinden gleicher Größenordnung. Fast durchweg geht die bislang vorhandene Hauptschule verloren, sie wird nur in der Zentralstadt als zukünftige Werkrealschule oder als Haupt-/Werkrealschule aufrechterhalten. Auf der anderen Seite ist die Einrichtung einer Realschule oder eines Gymnasiums aufgrund des „vorörtlichen" Schüleraufkommens in der Regel nicht möglich, weshalb auch dadurch der Schulverlust nicht kompensiert werden kann.

Jedenfalls ist diese Auseinandersetzung um die Schulzukunft in vielen Vororten und Orten im Gange. Sie belegt eindrücklich die Grenzen der dreigliedrigen Schulform für eine angemessene Schulversorgung. Nicht selten stellt sie die Gemeinden als Schulträger vor das Dilemma, trotz absehbarer Instabilität sich für eine Haupt-/Werkrealschule einzusetzen, obwohl die Verbundschule oder Sekundarschule eine tragfähige Alternative darstellt.

Nutzen von integrierten Sekundarschulen für Lokalität und Schülerschaft

Die besondere Attraktivität und der Nutzen von integrierten Sekundarschulen mag für Schulpolitik und Schulträger vor allem in dem Nachweis liegen, dass bei dieser Strategie einer Bündelung und Integration mit weniger Schulen weit mehr erreicht werden kann als wenn auf der Dreigliedrigkeit beharrt wird. Mit der Dreigliedrigkeit werden weit mehr Schulen und Gebäude gebraucht und mehr Umbau ist vonnöten als integrierte Sekundarschulen verlangen. Auch der Leerstand an Gebäuden lässt sich mit der integrierten Sekundarschule geringer halten als es der bloße Abbau von vielen Hauptschulen zur Folge hat.

In gewissem Maße ist die absehbare schulische Reduzierung bei Festhalten an der Dreigliedrigkeit auch von Nachteil für das regionale Handwerk, die örtliche Industrie und Wirtschaft, vor allem wenn sie stärker lokal ausgerichtet und mittelständisch ist. Nicht zuletzt ergeben sich mit den alternativen Schulformen, sei es die Verbundschule oder die Sekundarschule, bessere Möglichkeiten, die Schulen chancengerechter regional zu verteilen und dadurch den Kindern und Jugendlichen mehr Bildungschancen zu eröffnen.

Außerdem ist zu bedenken, dass von den Schulen zunehmend Aufgaben gefordert werden, die über das Abhalten von Unterricht hinausgehen. Alle diese Aufgaben sind an kleinen, auch einzügigen Schulen schwerer zu erfüllen. Das bezieht sich auf die Einführung von Ganztagsangeboten zur besseren Förderung aller Kinder, auf die Profilbildung der einzelnen Schule, auf die Kooperation mit Partnern und Einrichtungen im Umfeld bis hin zur Integration von Kindern in den Schulalltag und Unterricht, die ansonsten die Sonder- und Förderschulen besuchen. Von Gewicht ist ebenfalls, dass zur Sicherung von Grundstandards der pädagogischen Schulqualität eine tragfähige Schulgröße bedeutsam ist. Nach Feststellung des KM erschweren einzügige Schulen die „Umsetzung der pädagogischen Qualitätsstandards als auch die schulische Organisation“ (Landtag Baden-Württemberg, Drucksache 14/4928, v. 29.07.2009). Angesichts dieser Auskünfte nehmen Schulträger, Schulen und Eltern eine geringere Förderung und Qualifikation der Schüler/innen hin, wenn sie nicht auf der angemessenen Tragfähigkeit ihrer Schulen bestehen.

Um dem Interesse und der Bildungsbereitschaft von Eltern und Schüler/innen besser zu genügen ist ein gewisses Umdenken vonnöten: Es müssen alternative Schulmodelle in Betracht gezogen werden, die eine Separierung der Kinder nach der vierten Grundschulklasse im Alter von zehn Jahren vermeiden. Denn dadurch kann das örtliche Schülerpotential viel besser versorgt werden. Dies wird besonders anschaulich in jenen Gemeinden und Gemeindeverbünden, in denen die Schülerzahl weder für eine tragfähige Haupt-Werkrealschule noch für eine ausgebaute Realschule hinreicht.

Das Festhalten an der dreigliedrigen Schulaufteilung in der Sekundarstufe ist letztlich eine resignative Schulentwicklungsstrategie, die Abwicklung des Verlustes mit dem Rettungsversuch von Restbeständen steht im Vordergrund. Bildungsbereitschaft unter den Eltern und Bemühungen um die Schulentwicklung bei den Gemeinden wird dadurch eher gebremst statt ermuntert. Angebrachter wäre ein Ausbau der Bildungslandschaft und Schulangebote Daher sollte die Schulentwicklungsplanung vor Ort von der Sicherung und Erweiterung eines wohnortnahen, tragfähigen und stabilen Schulangebotes bestimmt sein.

Literaturangaben und Datenquellen

Bargel, Tino; Bargel, Holger (2010): Aufbruch statt Abriss – Gutachten zur Schulentwicklung in Baden-Württemberg. In: Lehren & Lernen. Zeitschrift für Schule und Innovation aus Baden-Württemberg. 36. Jg., Heft 2 – 2010, S. 20 – 23.

Bargel, Tino; Kuthe, Manfred (1992): Schullandschaft in der Unordnung. Band 1: Bestandsaufnahme. Gutachten der Johannes-Löchner-Stiftung zum Schulangebot und zur Schulentwicklung in Baden-Württemberg. Mössingen-Talheim.

Bargel, Tino; Kuthe, Manfred (1992): Wege aus der Schulkrise. Band 2: Fortschreibung und Alternativen. Gutachten der Johannes-Löchner-Stiftung zum Schulangebot und zur Schulentwicklung in Baden-Württemberg. Mössingen-Talheim.

Bargel, Tino; Jansen, Heinz; Gawatz, Reinhard (1983): Kooperation Hauptschule – Berufliche Schulen. Auswirkungen des Modellversuchs im Urteil von Lehrern, Eltern und Schülern. Reihe: Von der Schule ins Berufsleben, Bd. 12, hrsg. von Landesstelle für Erziehung und Unterricht. Stuttgart.

Baur, Norbert (2009): Zukunftsfähige (Sekundar)Schulen. Einleitende Vorbemerkungen. Fachveranstaltung GEW Esslingen-Nürtingen. Informationsblatt vom 5.10.2009. Köngen.

Brachat-Schwarz, Werner; Schwarz-Jung, Silvia; Wolf, Rainer: Zur voraussichtlichen Entwicklung der Schülerzahlen an allgemeinbildenden Schulen bis 2015. Neue Modellrechnung für die Stadt- und Landkreise Baden-Württembergs. In: Statistisches Monatsheft Baden-Württemberg Heft 1/2008, S. 12 -16.

CDU-Fraktion im Landtag Baden-Württemberg (2009): Werkrealschulen garantieren bestmögliche individuelle Förderung. In: FRAKTIONspezial. Informationsblatt vom 16.11.2009. Stuttgart.

Demmer, Marianne: Umfragen zur Veränderung der Schulstruktur. In: Schule. Aktuelle GEW-Informationen aus dem Vorstandsbereich Schule. INFO: 02/09.

Der Westen (2010): Schulentwicklungsplan – „Die Hauptschule ist tot“. 18.02.2010 (http://www.derwesten.de/staedte/gelsenkirchen)

Dominé, Attina; Schwarck, Cornelia (2007): Neue regionalisierte Bevölkerungsvorausrechnung bis 2025 für Baden-Württemberg. In: Statistisches Monatsheft Baden-Württemberg, Heft 06/2007. Stuttgart.

Füller, Christian (2009): Deutschlands schlechteste Schule – Mythos Gymnasium. In: taz.de vom 05.05.2009 (http://www.taz.de/nc/zukunft/wissen/artikel).

Gewerkschaft Erziehung und Wissenschaft (GEW) Baden-Württemberg (Hg.) (2009): Jahrbuch für Lehrerinnen und Lehrer. Schul- und Dienstrecht in Baden-Württemberg. Standardausgabe 2009. Stuttgart.

Gewerkschaft Erziehung und Wissenschaft (GEW) Baden-Württemberg (2010): Schulstruktur: Wo bleibt die Chancengleichheit? In: Erziehung und Wissenschaft, 61. Jg., 1/2010.

Klemm, Klaus u. a. (1982): Schulentwicklung unter neuen Vorzeichen. Haushaltssanierung, Arbeitslosigkeit, Schülerzahlenrückgang. Braunschweig.

Korn, Erhard (2009): Werkrealschule – Rettung der Hauptschule? In: b & w – bildung und wissenschaft. Zeitschrift der Gewerkschaft Erziehung und Wissenschaft Baden-Württemberg, Heft 10, Oktober 2009, S. 10 – 13.

Kultusministerium Baden-Württemberg (Hg.) (1965): Schulentwicklungsplan Baden-Württemberg. Richtlinien für den ersten Abschnitt. Bildung in neuer Sicht, Reihe A, Nr. 1. Villingen.

Kultusministerium Baden-Württemberg (Hg.) (1968): Schulentwicklungsplan Baden-Württemberg. Verwirklichung des ersten Abschnitts. Bildung in neuer Sicht, Reihe A, Nr. 14. Villingen.

Landesinstitut für Schulentwicklung Baden-Württemberg (Hg.) (2008): Qualitätsrahmen Fremdevaluation. Regelphase ab Schuljahr 2008/09. Allgemein bildende Schulen – Alle Schularten, Qu – 8. Stuttgart.

Landtag von Baden-Württemberg (Hg.) (2009a): Übergangsquoten auf berufliche Gymnasien im kommenden Schuljahr 2009/10. Antrag der Fraktion der SPD und Stellungnahme des Ministeriums für Kultus, Jugend und Sport. Drucksache 14/4184 vom 23.03.2009.

Landtag von Baden-Württemberg (Hg.) (2009b): Schulstandorte im Land im Schuljahr 2008/09 und ihre weitere Entwicklung. Antrag der Fraktion der SPD und Stellungnahme des Ministeriums für Kultus, Jugend und Sport. Drucksache 14/4928 vom 29.07.2009.

Landtag von Baden-Württemberg (Hg.) (2009c): Gesetz zur Änderung des Schulgesetzes für Baden-Württemberg und andere Gesetze. Gesetzesbeschluss des Landtags. Drucksache 14/4953 vom 06.08.2009.

Leonhardt, Jürgen (2009): Modellschulen nach skandinavischem Vorbild – Ein rechtlicher Leitfaden für Initiativen. Gemeinnützige Gesellschaft Gesamtschule (GGG) – LV Baden-Württemberg, Stand 10.12.2009. Mannheim.

Leonhardt, Jürgen (2009): Von Mythen und Fakten – Plädoyer für eine andere Schule. Gemeinnützige Gesellschaft Gesamtschule (GGG) – LV Baden-Württemberg, Stand 22.10.2009. Mannheim.

Menke, Birger (2009): Deutschlands Hauptschulen droht aus. In: SPIEGELONLINE, 06.11.2009 (http://www.spiegel.de/schulspiegel/wissen).

Ministerium für Kultus, Jugend und Sport Baden-Württemberg (2009a): Werkrealschule. Anschreiben an Schulleitungen der Grund- und Hauptschulen vom 30. Juli 2009, mit Anlagen: Hinweise zur Werkrealschule für Schulträger, Schulorganisatorische Fallvarianten bei der Einrichtung von Werkrealschulen. Az 13-0305.38/154.

Ministerium für Kultus, Jugend und Sport Baden-Württemberg (2009b): Werkrealschule –Antragsverfahren, Anlagen. Anschreiben an Gemeindetag, Städtetag, Landkreistag vom 30. 07.2009, Az 24-6437/54.

Ministerium für Kultus, Jugend und Sport Baden-Württemberg (2009c): 472 Anträge auf Einrichtung einer Werkrealschule zum nächsten Schuljahr eingereicht. Pressenotiz im Internet (http://www.km-bw.de/servlet/PB) vom 19.12.2009.

Ridderbusch, Jens (2009): „Auslaufmodell Hauptschule"? – Zur Situation der Hauptschulen in Deutschland. In: Statistisches Monatsheft Baden-Württemberg, Heft 11/2009, S. 18 – 28.

Rösner, Ernst (1989): Abschied von der Hauptschule. Folgen einer verfehlten Schulpolitik. Frankfurt am Main.

Schleicher, Andreas (2006): Stärken und Schwächen des deutschen Bildungswesens im internationalen Vergleich. In: Zukunft der Bildung – Statistisches Kolloquium, Mai 2006. Hg. Statistisches Landesamt Baden-Württemberg (http://www.statistik.baden-wuerttemberg.de/Bildung-Kultur/Analysen!Prognosen). Stuttgart

Schwarz-Jung, Silvia (2007): Hauptschulen in Baden-Württemberg 2006/07 – eine Zusammenstellung der Fakten. In: Statistisches Monatsheft Baden-Württemberg, Heft 8/2007, S. 25 – 29.

Schwarzwälder Bote (2010): Eltern kämpfen mit Bürgerbegehren gegen Werkrealschule. 18.02.2010 (http://www.schwarzwaelder-bote.de).

Steffens, Ulrich; Bargel, Tino (1993): Erkundungen zur Qualität von Schule. Praxishilfen Schule. Neuwied-Berlin.

Statistisches Landesamt Baden-Württemberg (Hg.) (2008a): Das Bildungswesen in Baden-Württemberg. Statistische Daten. Stuttgart.

Statistisches Landesamt Baden-Württemberg (Hg.) (2008b): Statistische Berichte Baden-Württemberg – Unterricht und Bildung. Artikel Nr. 3231 07001 vom 31.10.2008. Stuttgart.

Statistisches Landesamt Baden-Württemberg (2008c): Entwicklung der Schülerzahlen in Baden-Württemberg. Statistik-AKTUELL. Stuttgart.

Statistisches Landesamt Baden-Württemberg (Hg.) (2009a): Landesinformationssystem (LIS) – Bildung, Kultur. Struktur- und Regionaldatenbank (http://www.statistik-bw.de).

Statistisches Landesamt Baden-Württemberg (Hg.) (2009b): Landesinformationssystem (LIS) – Fläche, Bevölkerung. Struktur- und Regionaldatenbank (http://www.statistik-bw.de).

Statistisches Landesamt Baden-Württemberg (Hg.) (2009c): Statistische Berichte Baden-Württemberg – Bevölkerung und Erwerbstätigkeit. Artikel Nr. 3122 08001 vom 27.05.2009. Stuttgart.

Statistisches Landesamt Baden-Württemberg (Hg.) (2009d): Statistische Berichte Baden-Württemberg – Unterricht und Bildung. Artikel Nr. 3231 08001 vom 20.10.2009. Stuttgart.

Statistisches Landesamt Baden-Württemberg (2009e): Übergänge auf weiterführende Schulen: Hauptschulen sinken auf 25%, Gymnasien nehmen nur noch leicht zu – Grundschulempfehlung zum Schuljahr 2008/09 hätte fast jedem Zweiten das Gymnasium ermöglicht. Pressemitteilung Nr. 9/2009 vom 16.01.2009. Stuttgart (http://www.statistik-bw.de/Pressemitt/2010009.aps?BildungKultur).

Statistisches Landesamt Baden-Württemberg (Hg.) (2009f): Liste der Schulen mit Schulart, Klassen, Schüler/innen (Datei).

Statistisches Landesamt Baden-Württemberg (Hg.) (2009g): Lebendgeborene 2003 – 2007 in Baden-Württemberg nach Gemeinden (Datei).

Statistisches Landesamt Baden-Württemberg (Hg.) (2009h): Bevölkerung nach Altersgruppen in Baden-Württemberg nach Gemeinden (Datei).

Statistisches Landesamt Baden-Württemberg (Hg.) (2009i): Schüler/innen an allgemein bildenden Schulen in Baden-Württemberg nach Schulen 2006 – 2008 (Datei).

Statistisches Landesamt Baden-Württemberg (Hg.) (2009j): Übergänge auf weiterführende Schulen in Baden-Württemberg nach Gemeinden 2003 – 2008 (Datei).

Statistisches Landesamt Baden-Württemberg (2010a): Bis 2010 sinken die Schülerzahlen im Land um rund ein Viertel. Pressemitteilung Nr. 9/2010 vom 13.01.2010, Stuttgart. (http://www.statistik-bw.de/Pressemitt/2010009.aps?BildungKultur).

Statistisches Landesamt Baden-Württemberg (2010b): Übergänge auf weiterführende Schulen zum Schuljahr 2009/10: Gymnasien überspringen 40-Prozent-Hürde. Pressemitteilung Nr. 15/2010 vom 19.01.2010. Stuttgart (http://www.statistik-bw.de/Pressemitt/2010015.aps?BildungKultur).

Statistisches Landesamt Baden-Württemberg (2010c): Schülervorausrechnung für Baden-Württemberg. Statistik-AKTUELL. (http://www.statistik-bw.de/Veroeffentl/Statistik_AKTUELL). Stuttgart.

Stuttgarter Zeitung (2009): Rektoren stellen sich gegen Rau. Nr. 159 vom 14.07.2009, S. 5.

Südkurier (2009a): „Land ist Totengräber der Hauptschulen" –Allensbach klagt über neues Werkrealschulkonzept. Nr. 137 vom 18.06.2009, S. 16.

Südkurier (2009b): „Ländlicher Raum blutet aus" – Initiative „Länger gemeinsam lernen" erwartet Schließungswelle bei Hauptschulen. Nr. 260 vom 10.11.2009, S. 12.

Südkurier (2009c): Die Reform kommt gut an. Ansturm auf Werkrealschulen. Nr. 293 vom 18.12.2009, S. 10.

Südkurier (2010a): Kultusbürokraten lassen fünf gerade sein. Es geht also doch: in Kressbronn entsteht eine Werkrealschule neuen Typs, obwohl sie nur eine Klasse pro Jahrgang haben wird. Nr. 24 vom 30.01.2010, S. 13.

Südkurier (2010b): Nur Eltern können Schulen retten. Umland-Hauptschulen vor dem Aus. Nr. 39 vom 17.02.2010, S. 20.

Südkurier (2010c): „Ich hoffe auf das Reichenauer Wunder“ – Was die Schulleiter zur möglichen Kooperation der Walafried-Strabo-Schule mit einer Konstanzer Werkrealschule sagen. Nr. 39 vom 17.02.2010, S. 20.

Wille, Magdalena (2008): Faktoren für die Entwicklung der Schülerzahlen an beruflichen Schulen. Power-Point-Präsentation: 9 Folien. Gewerkschaft Erziehung und Wissenschaft (GEW) Baden-Württemberg. Stuttgart.

Wörner, Manfred (1991): Übergänge auf weiterführende Schulen zum Schuljahr 1990/91 – Eine Kurzanalyse der regionalen Unterschiede. In: Baden-Württemberg in Wort und Zahl 3/1991, S. 118 – 122.

Wolf, Rainer (2006): Schülervorausrechnung und Studienberechtigung in Baden-Württemberg. In: Zukunft der Bildung – Statistisches Kolloquium, Mai 2006. Hg. Statistisches Landesamt Baden-Württemberg (http://www.statistik.baden-wuerttemberg.de/BildungKultur/Analysen!Prognosen). Stuttgart